KB252837

꿀벌 생물학

꿀벌생물학

초판 1쇄 발행 2026년 2월 25일

지은이 이명렬, 정철의
발행인 김중영
발행처 오성출판사

주소   서울시 영등포구 양산로 178-1
전화   02-2635-5667
팩스   02-835-5550
등록   1973년 3월 2일 제13-27호

ISBN   978-89-7336-850-1 93520

www.osungbook.com

HONEYBEE BIOLOGY

꿀벌 생물학

이명렬, 정철의 지음

OSUNG

머리말

꿀벌은 오래전부터 꿀은 물론 벌 화분과 밀랍, 프로폴리스, 로열젤리, 벌침(봉독)을 제공하여 왔던 소중한 인류의 동반자입니다. 최근 많은 농작물과 야생 속씨식물의 결실을 위한 화분 매개 역할은, 다른 어떤 곤충이나 생물도 대체할 수 없는 꿀벌의 중요한 생태계 서비스로 강조되고 있습니다. 인류의 식량 생산은 물론, 생태계 보전에 중요한 역할을 하는 필수 생물자원입니다.

최근 생물학에서는, 한 마리 여왕벌과 수천에서 수만 마리의 일벌, 수벌로 이루어지는 꿀벌 무리봉군, 蜂群를, 하나의 초유기체Superorganism로 간주하고 있습니다. 이들은 개별 구성원이 수행하는 분업화된 역할과 상호 긴밀한 협업을 통해, 한 마리 포유류 동물이 가진 체내 유기적 기능을 자체 집단으로 구현함으로써, 융합 생물학 및 사회적 진화의 흥미로운 연구 대상으로 주목받고 있습니다.

조선 시대에 토종 꿀벌인 동양꿀벌의 생태와 꿀 생산 방법 등에 관한 일부 기록이 전해졌고, 서양꿀벌이 본격 도입된 1900년대 초부터 본격적인 양봉養蜂 서적이 발간되었습니다. 근래에는 서양의 양봉 기술서나 꿀벌의 생태와 꿀벌의 중요성에 관련된 시사성 있는 책자가 번역 출간되어, 꿀벌의 습성과 양봉 관리에 관한 이해를 증진하는 데 큰 도움을 주었지만, 교육용 교과서에 버금할 학습 교재가 필요함을 절실히 느껴왔습니다. 이에, 기존 서적에서 충분히 반영하지 못한 꿀벌이라는 생물에 대한 깊이 있는 생물학적 정보와 지식을 여기 『꿀벌 생물학』이라는 책에 담고자 하였습니다.

생물, 농업, 곤충과 관련된 전공으로 공부하는 학생들과 꿀벌을 관리하는 양봉가, 그리고 그밖에 꿀벌과 양봉에 관심 있는 분이 꿀벌에 관한 생물학적 지식과 양봉에 관한 기초 정보를 체계적으로 접하도록 내용을 구성하였습니다. 독특한 사회생활을 하는 꿀벌이라는 생물을 포괄적으로 이해하고, 실제로 꿀벌을 다루는 양봉養蜂, Beekeeping에 관해서도 기초 지식을 얻을 수 있을 것입니다. 꿀벌의 생태와 양봉 기술에 관한 다양한 교육 과정을 운영하는 대학과 정부 기관, 농가 단체에서는 꿀벌을 생물학적으로 폭넓게 이해할 수 있는 교재로도 활용될 수 있을 것입니다.

꿀벌에 관심을 가진 독자들이 이 책을 통해 꿀벌에 관련된 다양한 지식과 연구 정보를 얻고 활용하기를 바라며, 저자들은 좀 더 깊이 있는 연구 결과들과 더 많은 자료로 계속해서 보완해 나갈 것을 약속합니다.

이 책이 나오기까지 따뜻한 격려와 정성을 기울여 주신 오성출판사 김대현 대표님께 감사드립니다. 아울러 본인들의 연구 자료를 이 책에 담을 수 있도록 기꺼이 허락하신 국내외 학자들께도 감사의 말씀을 전합니다.

저자 이명렬, 정철의

목차

제1장

꿀벌 생물학 개요

꿀벌Genus *Apis* spp.은 자연과 인간 사회에 없어서는 안 될 중요한 곤충이다. 속씨식물의 꽃가루 수분을 매개하여 식물 생태계의 다양성을 보전하고, 농업의 생산성을 높이는 데 크게 기여하고 있다. 독특한 집단 사회생활을 하는 꿀벌은 형태와 기능, 생리와 생태, 유전적 형질에 이르기까지 다양하며 흥미로운 생물학적 특성을 갖고 있다. 이를 통해 수천만 년에 걸쳐 진화하며 다양한 환경에 적응하여 다양한 종과 계통으로 분화하였다.

최근 지구 환경이 급변하면서, 꿀벌은 단순히 우리에게 유용한 꿀과 화분, 프로폴리스라는 건강식품 자원을 수집하는 곤충을 넘어서, 식량을 생산하고 생태계의 균형을 유지하는데 근간이 되는 필수적인 생물로 재평가되었다. 이에 따라 위기에 처한 꿀벌을 보존하고 양봉업을 육성해야 한다는 세계적 공감대가 형성되고 있다.

『꿀벌 생물학』은 꿀벌의 전반적인 생물학적 특성과 생태적 기능에 대한 폭넓은 이해와 이를 기반으로 기초적 양봉 관리까지 다루었다. 이에 따라 다음과 같은 15개 주제로 구성하였으며, 여기서는 먼저 전체 내용을 파악할 수 있도록, 각 장의 주요 내용을 소개하고자 한다.

꿀벌의 종류와 분화

꿀벌의 기원과 진화 과정, 꿀벌 종들의 특징과 분포, 동양꿀벌A. cerana 과 서양꿀벌A. mellifera 의 생태적 특성 비교, 계통 분화 현황과 서양꿀벌의 아종별 특징

꿀벌의 외부 형태

머리, 가슴, 배로 이루어진 체형과 입과 눈, 더듬이, 날개, 다리 등 부속기관의 구조적 특성과 기능

꿀벌의 내부기관

소화기관과 순환계, 호흡계와 신경계, 외분비샘 등 주요 내부기관의 세부 구조와 일벌, 여왕벌, 수벌의 역할에 따른 기능

꿀벌의 생식과 발육

꿀벌의 성 결정과 수벌의 단위생식, 여왕벌의 다중 교미 습성과 성 결정 유전인자의 역할, 알에서 성충에 이르는 계급별 발육 과정, 분봉에 의한 번식 과정과 봉군의 개체수 변동 요인

꿀벌의 계급과 분업

여왕벌과 일벌, 수벌의 계급 분화 체계와 암컷 일벌의 정체성과 일령에 따른 분업, 수벌의 생태와 교미 활동, 꿀벌 봉군의 초유기체 개념

꿀벌의 행동과 춤

봉군 온도의 조절과 외적 방어 행동, 먹이 수집을 위한 체계적 행동 습성과 꼬리춤을 통한 밀원의 방향과 거리 정보의 전달

꿀벌의 영양

꿀벌에게 필요한 영양성분과 그 기능, 먹이원 꿀과 화분의 구성 성분, 봉군 건강을 위한 시기별 먹이 공급

꿀벌의 유전과 육종

꿀벌의 대표적 유전형질과 중요성, 위생 행동의 교배육종과 수밀 능력의 선발 육종 체계, 꿀벌 교배 모델과 육종 방법론

꿀벌의 화분 매개

속씨식물과 꿀벌의 공진화, 자가불화합성과 타가수분의 중요성, 꿀벌 화분 매개의 경제적 가치, 주요 작물 생산에 대한 꿀벌의 기여도, 꿀벌 화분 매개의 특징

양봉의 역사와 현황

고대 양봉의 기원과 발전 과정, 꿀벌과 양봉 기술 연구의 역사, 세계·국내 양봉 산업의 현황

기본 봉군 관리

양봉장 선정, 꿀벌 취급 요령, 봉군 내부 점검과 봉군 온도 관리, 먹이 공급과 세력 조절 방법

계절별 봉군 관리

계절별 꿀벌 발육과 활동 변화에 따른 관리 요점, 월동 후 축소, 분봉과 수밀기 관리, 더위 대책, 월동 준비 등 계절 주기별 관리 사항

봉군 증식과 여왕벌 양성

인공 분봉 방법, 여왕벌 대량 양성과 교미 관리, 여왕벌 평가 요령과 봉군 유입 방법, 여왕벌 인공수정

꿀벌 병해충 관리

주요 병원체별(세균, 진균, 바이러스) 감염 증상과 예방·방제, 꿀벌응애와 중국가시응애의 생태와 화학적·생물학적 방제, 장수말벌과 등검은말벌의 습성과 방제 방법

양봉 생산물

벌꿀의 성분과 규격 기준, 화분 성분과 채취 방법, 로열젤리의 특성과 효능, 밀랍의 생산과 이용, 프로폴리스와 봉독의 주요 성분과 약리 기능, 수벌 번데기의 식품 원료 활용

　위와 같이 이번 『꿀벌 생물학』은 기초 생물학과 실용적인 양봉을 포함하는 포괄적 주제로 구성하였다.

　현재 꿀벌은 양봉산업뿐만 아니라 유전체 분석, 동물 행동 실험, 환경과 생태 모니터링에 활용하는 중요한 연구 소재로도 활용하고 있다. 앞으로 꿀벌 생물학 분야는 전통적인 양봉 기술과 화분 매개 생태계 서비스에 적용할 뿐만 아니라, 다양한 생명과학과의 융합을 통해 새로운 영역으로 확장될 것이다.

꿀벌의 종류와 분화

1. 꿀벌의 기원

꿀벌의 기원은 다른 생물과 마찬가지로 화석 증거를 통해 예측할 수 있는데, 땅속에서 나무의 수지가 오랫동안 경화되어 보존된 호박琥珀, Amber 속에서 발견된다. 벌 조상의 화석 중 가장 오래된 것은 2006년 미얀마의 호박에 발견된 3mm의 작은 벌*Melittosphex burmensis*로, 약 1억 년 전 중생대 백악기Cretaceous 무렵 꽃이 피는 속씨식물이 등장한 시기에 출현했을 것으로 추정한다(그림 2-1).

꿀벌이 속한 꿀벌 속*Apis*은 약 3~4천만 년 전에 분화되어, 현재의 몸 구조와 생활 방식으로 진화해 왔을 것으로 추측하는데, 초기 화석 증거는 유럽에서 약 3,500만 년 전 에오세-올리고세Eocene-Oligocene 시기로 나타났다. 이들 초기 꿀벌 종*Apis armbrusteri*은 현재의 서양꿀벌*A. mellifera*과 전체적인 체형, 날개 모양, 날개 시맥 구조, 뒷다리 구조가 비슷하다. 한 화석에서는 17마리의 꿀벌이 모여 있는 것이 발견되어 사회성을 가졌던 것으로 추정한다. 그림 2-2는 미국 네바다주에서 발견된 1,400만 년 전 마이오세Miocene 시기의 꿀벌 화석종*Apis nearctica*으로 앞날개의 시맥과 뒷다리 마디가 뚜렷하게 나타난다.

현존하는 꿀벌 중에서 가장 원시적인 그룹인 인도작은꿀벌*A. florea*과 검정작은꿀벌*A. andreniformis*의 원산지가 동남아인 점을 참작하여 꿀벌의 기원을 동남아로 보기도 하지만, 이에 관한 충분한 연구가 필요하다. 꿀벌과 가까운 벌 그룹으로는 뒤영벌Bombini, 꼬마벌Meliponi, 난초벌Euglossinae 등이 있는데 이들은 원시적 사회성을 갖고 있다.

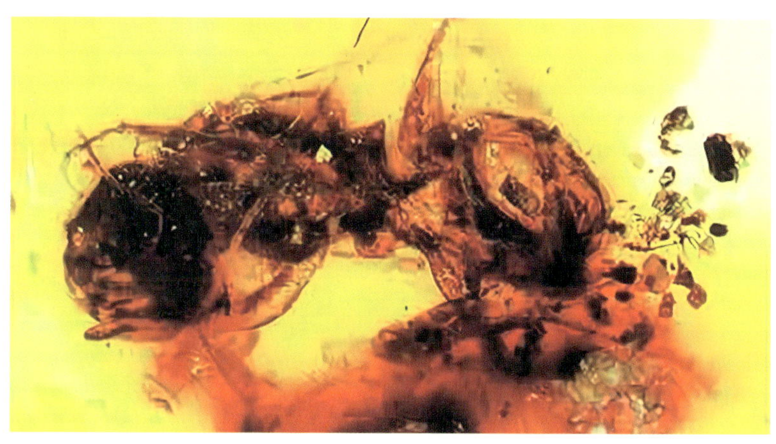

그림 2-1. 가장 오래된 1억 년 전 화석 벌(*Melittosphex burmensis*)
(Poinar와 Danforth, 2006/Wikimedia Commons, CC BY-SA 3.0)

그림 2-2. 미국에서 발견된 앞날개 시맥과 뒷다리 마디가 뚜렷한 1,400만 년 전 꿀벌 화석종
(Engel 등, 2009/California Academy of Sciences, CC BY-SA 4.0)

꿀벌 속Apis의 원시종들은 노출된 곳에 한 장의 벌집을 짓는 습성이 있고, 진화된 종으로 갈수록 동굴 속 또는 나무 공동空洞, Cavity에 둥지를 마련하고, 여러 장의 벌집을 만든다. 꿀벌 속은 4~11종의 꿀벌로 나누는데, 이들 중에서 동양꿀벌A. cerana과 서양꿀벌A. mellifera 은 사람이 직접 키우며 양봉산업에 이용하고 있다. 서양꿀벌은 유럽과 아프리카가 자연 분포지역이었지만 현재 전 세계로 퍼져 있으며, 동양꿀벌은 아시아에 국한하여 자연 분포한다(그림 2-3).

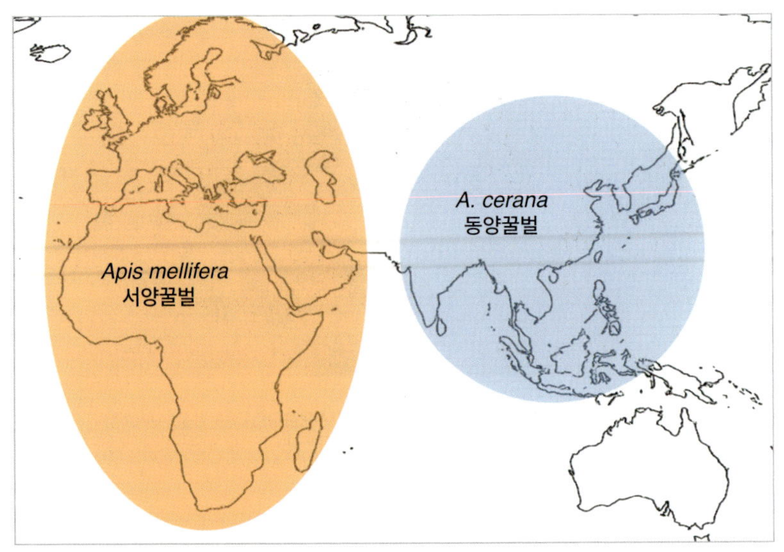

그림 2-3. 동양꿀벌과 서양꿀벌의 자연 분포도

2. 꿀벌의 종 분화

꿀벌은 현재 지구상에 알려진 2만여 종 벌 중에서 꿀벌 속Apis에 속하며, 학자에 따라 4~11종으로 분류한다. 이들의 공통적인 특징은 꿀과 꽃가루를 모아 식량으로 저장하고, 밀랍을 이용하여 오랫동안 살 집을 만들고, 세대가 중첩하여 후손을 양육하는 진사회성을 갖는 것이다.

꿀벌 중 가장 넓게 분포하며 잘 알려진 네 종은 서양꿀벌Apis mellifera, 동양꿀벌A. cerana, 인도큰꿀벌A. dorsata, 인도작은꿀벌A. florea이다. 최근에는 인도큰꿀벌의 한 아종을 별도의 종인 히말라야큰꿀벌*A. laboriosa*로 취급하고 있다. 이 종은 히말라야 고산 지역에서 주로 바위 틈에 집을 짓고, 몸집이 상대적으로 더 크다. 인도큰꿀벌은 주로 큰 나무에 집을 짓는다.

그림 2-4. 꿀벌 7종 표본의 외형 비교
A: 서양꿀벌(*Apis mellifera* L.), B: 코세브니코비꿀벌(*A. koschevnikovi* Enderlein),
C: 필리핀꿀벌(*A. nigrocincta* Smith), D: 인도작은꿀벌(*A. florea* F.),
E: 검정꼬마꿀벌(*A. andreniformis* Smith), F: 인도큰꿀벌(*A. dorsata* F.),
G: 동양꿀벌(*A. cerana* F.) (Engel 등, 2009/California Academy of Sciences, CC BY-SA 4.0)

작은꿀벌 아속 Subgenus *Micrapis*

동남아시아에 자생하는 아주 작은 크기의 인도작은꿀벌*Apis florea*과 검정꼬마꿀벌*A. andreniformis*이 속한다. 검정꼬마꿀벌은 상대적으로 밀도가 낮고 검은색이 두드러진다. 주로 나뭇가지나 잡목에 노출된 한 장의 작은 벌집을 만든다. 현재 이 두 종은 거의 같은 지역(인도, 스리랑카 등 동남아시아)에서 발견된다. 크기가 작고, 벌침도 매우 작아서 사람의 피부를 뚫지 못하고, 온순하지만 관리가 쉽지 않아서 야생에서 생활한다. 꿀 수확은 인도작은꿀벌(그림 2-5)만 가능하다.

그림 2-5. 인도작은꿀벌(*Apis florea*)과
나뭇가지의 봉군(Wikimedia Commons, CC BY 3.0)

큰꿀벌 아속 Subgenus *Megapis*

몸집이 큰 인도큰꿀벌*Apis dorsata*이 속하며 인도 대륙과 네팔, 인도, 인도네시아 등에 분포한다. 큰 나뭇가지, 건물 또는 절벽에 면적이 큰 한 장의 벌집을 만든다. 공격성이 강하며, 꿀 생산량은 많지만 사육이 어렵다(그림 2-6).

　히말라야큰꿀벌*A. laboriosa*은 네팔, 부탄 등 히말라야 지역의 2,500~4,000m 고도에 서식하며, 암벽에 대형 벌집을 짓는 습성이 있다. 이 종에서 채취한 꿀은 약용 가치가 높으나 독성물질Grayanotoxin이 있어 주의해야 한다.

그림 2-6. 인도큰꿀벌(*A. dorsata*, Wikimedia Commons, CC BY-SA 4.0)과 야생 봉군

폐쇄 공간인 벌통에 집을 짓는 꿀벌 중 대표적인 종은 동양꿀벌A. *cerana*과 서양꿀벌A. *mellifera*이다(그림 2-7). 동양꿀벌은 아시아에 널리 분포하며 우리나라에서는 재래꿀벌, 토종벌, 한봉韓蜂으로도 불린다. 외부 환경 변화에 민감하고, 대부분 질병에 대한 저항성이 있다. 인도네시아 보르네오섬의 열대 우림에 분포하는 코세브니코비꿀벌A. *koschevnikovi*은 붉은 갈색을 띠는 것이 특징이며 야생에 서식한다. 필리핀 남부와 인도네시아 북부에 분포하는 필리핀꿀벌A. *nigrocincta*은 주로 나무 속에서 발견되며 이 종에 관한 연구는 많지 않다. 유럽과 아프리카에서 유래된 서양꿀벌은 다양한 환경에 적응하였고, 이 종의 하위에 많은 아종 계통이 분화하였다. 꿀과 밀랍 생산량이 많아 17세기부터 전 세계에 널리 퍼져 세계 양봉 산업의 기반이 되었다.

그림 2-7. 우리나라 동양꿀벌의 여왕벌과 일벌(좌), 서양꿀벌의 여왕벌, 일벌, 수벌(우)

3. 꿀벌의 계통 분화

꿀벌은 곤충 분류학상 벌목Hymenoptera 꿀벌과Apidae에 속하며, 6,000종 이상의 꿀벌과科에 속하는 벌 중에서 일년 내내 군집을 이루며 꿀을 수집, 저장하는 꿀벌속Apis에 속한다. 이들 중에서 우리나라에는 벌통 안에서 관리할 수 있는 동양꿀벌과 서양꿀벌 등 2개 종이 있다.

꿀벌의 종種들과 같은 종 내에서 아종亞種 또는 계통을 구분하는 형질은 서식 지역과 생태·습성의 특성, 형태적 특징을 기준으로 한다. 대표적인 형태적 형질로는 체구, 체모, 색채, 날개의 시맥 구조, 혀 길이, 날개 고리Hamuli 수, 다리 발목마디Metatarsus의 폭과 길이 등 다양한 지표가 이용된다(그림 2-8~10).

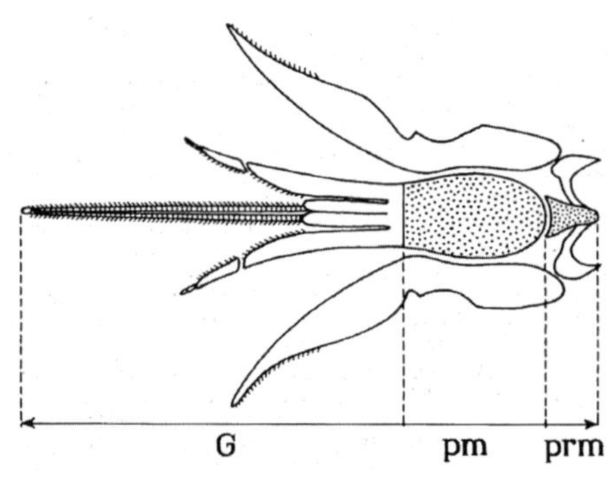

그림 2-8. 혀 길이

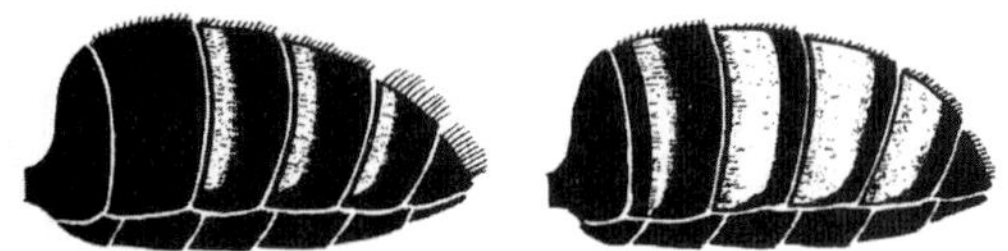

그림 2-9. 복부 등판의 색띠(Tomentum)와 털 배열

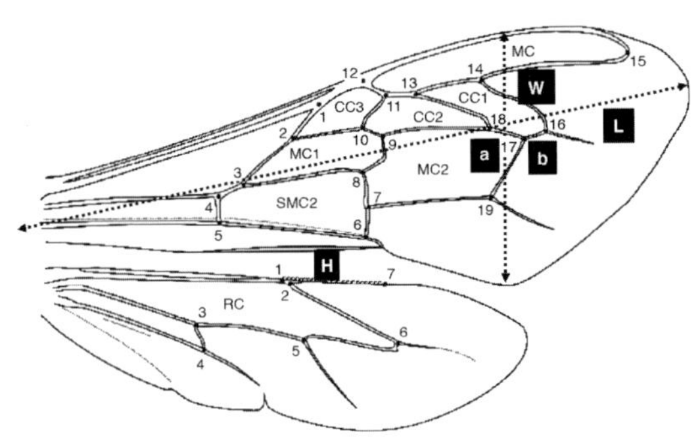

그림 2-10. 날개와 시맥의 구조.
앞날개 길이(L)와 폭(W), 주맥지수(Cubtal index, a: b), 뒷날개 고리(Hamuli) 수(H)

한편, 미토콘드리아와 핵의 특정 유전자 염기서열 또는 단백질 구조 등도 정확한 계통을 구분하는 데 이용한다(그림 2-11).

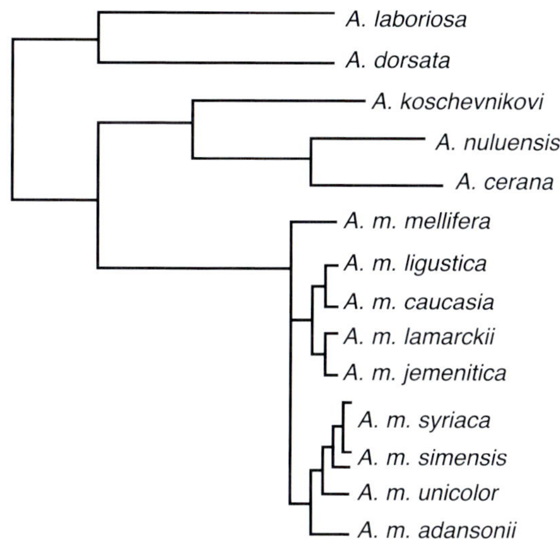

그림 2-11. 미토콘드리아 DNA 염기서열 분석에 의한 꿀벌 종과 서양꿀벌 아종의 계통 분화도

4. 동양꿀벌의 특성과 분화

동양꿀벌*Apis cerana* Fab.은 인도, 중국, 한국, 일본과 동남아시아에 걸쳐 널리 분포한다. 우리나라에는 삼국시대부터 기록이 있는데, 토종벌, 재래종, 한봉韓蜂 등으로 불리기도 한다. 단위 꿀 생산량이 서양꿀벌에 비해 현저히 적은 편이다.

이 꿀벌의 여왕벌과 수벌은 진한 흑색을 띤다. 일벌은 서양꿀벌에 비하여 체구가 작으며, 몸 전체가 흑회색 또는 일부가 갈색을 띠고 배의 환절에 흰 털 띠가 있다. 이 벌은 행동이 민첩하여 말벌류 공격에도 피해가 적다. 부지런하여 이른 봄부터 늦가을까지 활발하게 활동하며, 내한성이 높아 겨울철 월동을 잘하는 편이다. 가장 큰 장점은 질병에 대한 저항성이 높아, 서양꿀벌에서 흔하게 보이는 부저병이나 백묵병이 나타나지 않고, 특히 꿀벌응애나 중국가시응애의 기생률이 극히 낮아 특별한 방제 대책이 없이도 봉군 관리가 가능하다. 그러나 꿀벌부채명

나방 유충에 매우 약하여, 벌통 내에서 이 해충이 발생하면 방어하지 못하고 벌통을 포기한 채 쉽게 도망한다. 활동에 필요한 에너지 소모율이 낮아서 상대적으로 적은 먹이가 있어도 겨울을 잘 난다.

한편, 봉군을 구성하는 일벌 수가 적고, 봄철 유밀기에 집중적으로 꿀을 수집하는 능력이 약하여, 서양꿀벌에 비해 꿀 생산성이 떨어진다. 자연에서 꽃꿀이 분비되지 않는 가을철 무밀기에 관리를 잘못하면, 서양꿀벌의 도봉에 의해 큰 피해가 나타난다. 이 꿀벌은 환경 변화에 매우 민감하고 성질이 예민하여 안정된 관리를 위해서는 많은 경험이 필요하다.

동양꿀벌은 서양꿀벌과 서로 다른 종種으로 생식적 격리가 일어나 두 종 사이에 자연 교미는 가능하지만, 완전한 수정이 이루어지지 않아 둘 사이에서 잡종은 나오지 않는다.

동양꿀벌과 서양꿀벌의 여러 형태 지표를 비교해 보면, 두 종 사이에 외부 형태적인 차이가 두드러진다(표 2-1). 즉 혀, 날개, 다리 등은 서양꿀벌이 크고 긴 것을 알 수 있고, 앞뒤 날개를 연결하는 고리인 시구의 수도 서양꿀벌이 3개 정도 많다. 그러나 그림 2-10에 표시한 주맥 지수는 동양종이 5.5로 서양종 2.4에 비해 두 배 이상 크다.

표 2-1. 국내 동양꿀벌과 서양꿀벌의 평균 형질 비교(이와 최, 1985)

조사 형질	동양꿀벌	서양꿀벌
혀 길이(mm)	5.3	6.5
앞날개 길이(mm)	8.4	9.1
앞날개 폭(mm)	2.9	3.1
주맥지수	5.5	2.4
시구 수(개)	18.7	21.9
뒷다리 길이(mm)	7.8	8.1
후부절지수(%)	54.4	56.3
배등판 3+4절 길이	4.2	4.6

　1960년대까지는 아시아 지역의 동양꿀벌을 크게 인도를 위시한 태국, 말레이
시아, 인도네시아, 필리핀 지역의 인도아종*Apis cerana indica*, 우리나라를 포함한 중
국 대부분 지역의 동북아종*A. c. cerana*, 히말라야 고원 지역의 히말라야아종*A. c. hi
malaya*, 일본의 일본아종*A. c. japonica* 등 지역에 따른 4개 아종으로 구분하였다. 그
러나, 최근 광범위한 표본을 대상으로 형태적 형질의 다변량 분석에 의해, 동양꿀
벌의 계통을 총 6개 그룹으로 구분하고 있다(그림 2-12).

　이 분포도에 따르면 I: 북부 그룹Northern, II: 히말라야 그룹Himalayan, III: 인
도 평야 그룹Indian Plains, IV: 인도-차이나 그룹Indo-Chinese, V: 필리핀 그룹Philip
pine, VI: 인도-말레이 그룹Indo-Malayan으로 크게 나누고, 넓은 지역을 차지하는
그룹은 다시 그 밑에 각각 3~6개의 소그룹으로 구분하고 있다.

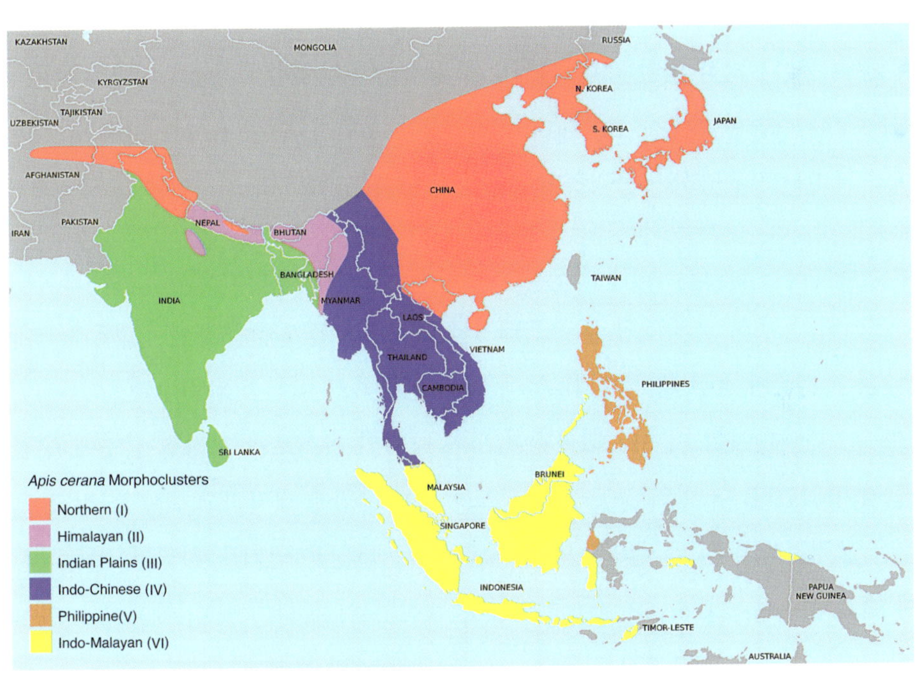

그림 2-12. 동양꿀벌(*Apis cerana*)의 형태학적 6개 계통 분포
(Radloff 등, 2010/ Wikimedia Commons, CCO 1.0)

5. 서양꿀벌의 계통

서양꿀벌은 우리나라에서 양봉洋蜂이나 개량종으로도 불리는데, 아프리카와 유럽이 원산지인 이 꿀벌은 17세기부터 신대륙을 비롯한 전 세계로 확산하였다. 원산지 서양꿀벌을 약 33개 아종으로 구분하는데(그림 2-13), 아종들을 지리적 계통 분화 과정을 유추하여 4개 분화 그룹(O, C, M, A)으로 나누고, 자연 서식 지역과 기후에 따라 열대 아프리카종, 북아프리카종, 서유럽종, 동유럽종, 지중해종 등 크게 5그룹으로 구분한다.

열대 아프리카종

1. 리토리아 *A. m. litorea*

이 종은 동아프리카 연안 케냐, 탄자니아 저지대에 분포한다(그림 2-13의 2). 이 지역은 고온 다습한 기후에 1년 내내 유밀기가 지속되어, 연중 육아가 진행된다. 먹이가 부족하거나 말벌이 공격하면 쉽게 도망한다.

2. 스쿠텔라 *scutellata*

아프리카 동부의 고지대인 트란스발에서 에티오피아까지 분포한다(그림 2-13의 4). 외부 자극과 동료의 경보페로몬에 매우 민감하고 집단공격성이 매우 강하다. 1956년 탄자니아의 이 아프리카벌이 도입 육종의 목적으로 브라질 남부에 수입된 적이 있었다. 이 벌의 봉군 일부가 도망하여 야생에 정착하고, 많은 사람과 가축을 공격하면서 일명 '살인 벌Killer bee'이라는 별칭을 얻기도 하였다. 아프리카화 꿀벌Africanized honeybee, AHB이라고도 불리는 이 꿀벌이 북미 대륙으로 이동하여 미국에서 크게 문제가 되었다.

3. 몬티콜라 *monticola*

킬리만자로의 해발 2,400~3,100m인 고산 지역에서 생활한다(그림 2-13의 5). 몸이 크고 진한 흑색을 띠며, 성질이 아주 온순하여 복면포가 없이도 관리가 가능

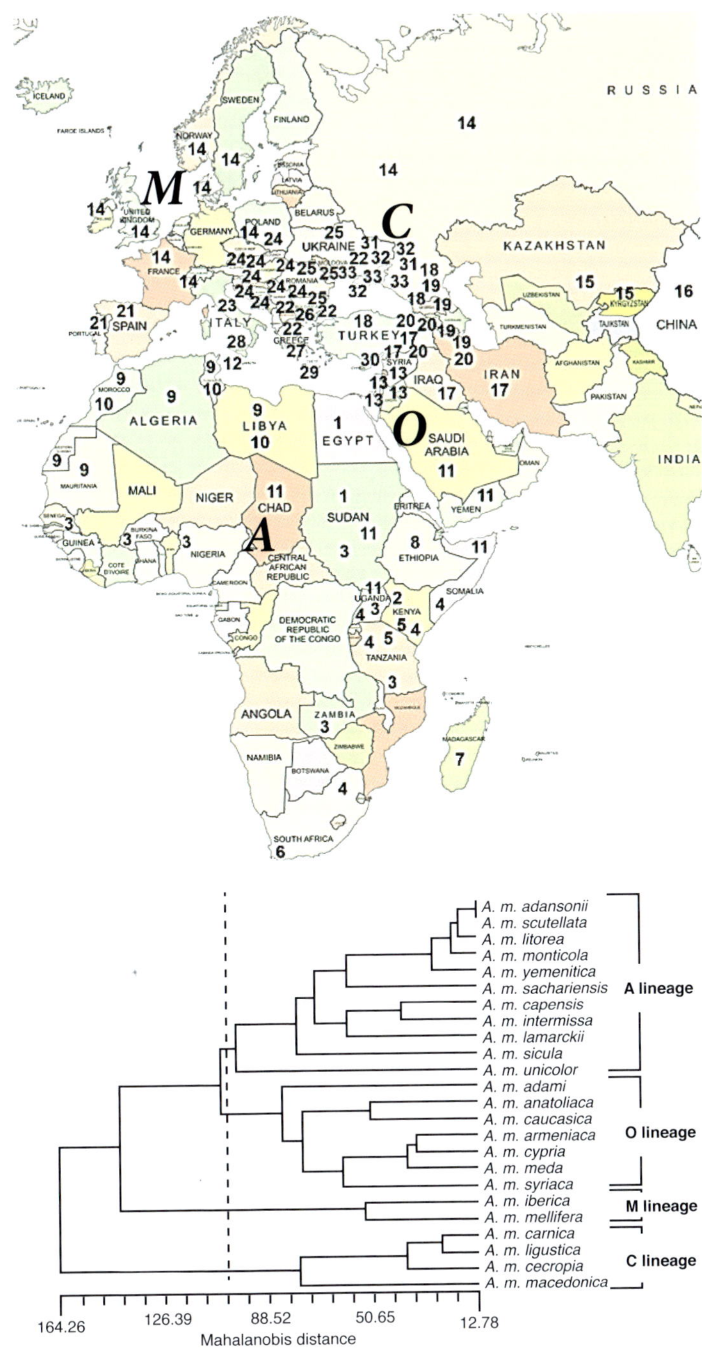

그림 2-13. 유럽과 아프리카 원산지에서의 서양꿀벌(*Apis mellifera*) 아종의 분포 지역(1~33)(위)과 시맥 구조에 의한 계통 분화도(아래)(Ilyasov 등, 2020, Dar 등, 2020 / 저자 제공)

하다. 풍부한 밀원 조건에서는 수밀 활동이 상대적으로 느리다.

4. 이집트벌 *larmarckii*

이집트 나일강 유역에 분포하는 소형종이다(그림 2-13의 1). 색채가 아름다워서 유럽에서 수입한 적이 있다. 분봉성이 강하다.

5. 아다손 *adansonii*

세네갈, 카메룬, 토고, 나이지리아, 콩고, 가봉 등의 저지대에 분포하고(그림 2-13의 3), 여러 가지 특성이 스쿠텔라*scutellata*와 유사하다.

6. 케이프벌 *capensis*

남아공 케이프반도에 분포한다(그림 2-13의 6). 미수정란에서 배수체인 암컷이 발생하는 산자단위생식Thelytoky 현상이 발견되었다.

7. 유니칼라 *unicolor*

마다가스카르, 모리셔스에 분포한다(그림 2-13의 7). 균일한 흑색을 띠고 있으며 구체적인 생물학적 정보가 부족하다.

8. 예멘벌 *jemenitica*

서양꿀벌 중 체구가 가장 작다. 예멘과 오만에서 발견된다(그림 2-13의 11). 가뭄과 고온 등 극단적 환경에서도 생존하며 '아라비안벌'이라고도 불린다.

북아프리카종

1. 사하란*sahariensis*

사하라, 알제리에 분포하고(그림 2-13의 9), 예멘벌처럼 고온과 가뭄에 강하다.

2. 텔리안 *intermissa*

튀니지, 리비아에 분포하며(그림 2-13의 10) 균일한 흑색을 띤다. 가문 해에는 80%의 봉군이 사망하지만, 다음 해에는 수많은 분봉군에 의해 봉군 수가 회복된다. 한 계절에 7차례의 분봉까지 가능한데, 마지막 분봉군은 일벌이 200~300마리에 불과하지만 정상 봉군으로 성장이 가능하다.

서유럽종

1. 이베리안 *iberica*

스페인, 포르투갈에 분포한다(그림 2-13의 21). 분봉성이 강하고 사납다. 프로폴리스를 많이 사용한다. 미대륙 개척 시대에 중남미에 보급된 적이 있다.

2. 멜리페라 *mellifera*

피레네산맥, 스코틀랜드, 우랄, 스칸디나비아 남부에 분포하는 일명 '북구흑색종' 꿀벌이다(그림 2-13의 14). 겨울철 −45°C 저온에서도 월동하며 지역 특성상 상대적으로 짧은 여름을 난다. 중앙 유럽으로 확산하면서 극심하게 잡종화되었지만, 최근 생존력이 강한 점이 재평가되어 이를 이용한 육종 연구가 활발하다.

동유럽종

1. 시리안 *syriaca*

시리아, 팔레스타인에 분포하며(그림 2-13의 13) 균일한 황색을 띠고 몸집이 소형이며 분봉성이 아주 강하다. 100개 이상의 자연 왕대를 만든다.

2. 코카시안 *caucasica*

세계 우수 보급종의 하나로 러시아 남부, 튀르키예, 조지아에 분포한다(그림 2-13의 18). 긴 혀를 갖는 것이 특징이며 혀 길이가 7mm 이상인 것도 있다. 복부 색띠 Tomentum 폭이 넓고 몸털이 짧으며 몸은 흑색을 띤다. 온순하고 수밀력이 좋으며 프로폴리스를 과다하게 사용한다. 겨울철 스스로 수지樹脂를 모아 출입문을 축소한다. 노제마병에 감수성을 보인다.

3. 카니올란 *carnica*

우수 보급종의 하나로 몸이 큰 흑색종이다. 발칸반도, 알프스, 흑해, 우크라이나에 걸쳐 분포한다(그림 2-13의 24). 온순하며 다양한 환경에 잘 적응한다. 봄철 세력 발달이 순조롭고 수밀력도 좋다.

4. 이탈리안 *ligustica*

우수 보급종 중 세계에서 가장 많이 널리 퍼진 종이다. 우리나라에서도 대부분이 벌의 잡종을 키우고 있다. 이탈리아가 원산지로 자연 분포 지역은 아주 좁다(그림 2-13의 23). 황색종이며 성질이 온순하고 다양한 환경에 적응력이 높다. 근대 양봉 발전에 크게 이바지한 우수한 계통이다.

지중해종

1. 사이프리안 *cypria*

지중해 사이프러스 섬에 분포한다(그림 2-13의 30). 1866년과 1876년에 유럽과 미국에서 각각 수입하였다. 복부가 홍당무 색을 띠는 것이 특징이다. 혀가 길고, 날개 주맥지수가 크다.

2. 아다미 *adami*

크레타섬에서 서식하는데(그림 2-13의 29), 복부가 넓고 혀가 상대적으로 짧다. 외적 방어력이 뛰어나지만, 벌집에서는 아주 얌전하다.

3. 시칠리안 *siciliana*

유전적으로 카니올란, 이탈리안, 텔리안의 중간에 위치한다(그림 2-13의 28). 분봉 시기에 300~400개의 자연 왕대를 조성한다. 구 여왕벌과 많은 처녀 여왕벌은 분봉하지 않고 벌통에 잔류하다가, 새로운 여왕벌이 교미를 마치고 산란을 시작하면, 곧 사라진다. 월동력이 뛰어난 것으로 알려져 있다.

우수 보급종

지중해 그룹 중에서 이탈리안, 카니올란, 코카시안 등 3개 아종(그림 2-14)은 각각 독특한 특성과 우수한 유전형질을 갖고 있어 서양꿀벌의 보급종으로써 전 세계로 전파하였고, 양봉이 성행하는 대부분 나라에서는 이 꿀벌들을 기본 혈통으로 하고 있다.

그림 2-14. 이탈리안(여왕벌, 일벌), 카니올란(일벌), 코카시안(여왕벌, 일벌)

1. 이탈리안 *A. mellifera ligustica*, Italian bee

이탈리안은 이탈리아의 리구리아주Liguria가 원산지여서 '리구리안'으로도 불린다. 일찍이 미대륙 등 다른 지역으로 확산 보급되면서 양봉가들의 애호를 받아왔고, 현재 세계적으로 가장 많이 보급된 계통이다. 또한 이탈리안을 이용한 교배육종이 많이 이루어져서 다양한 품종이 개발되었다.

　형태적 특징으로는 복부의 등판 제2, 3, 4절에서 선명한 황색띠가 나타난다. 등판의 짧은 털도 황색이며 황색 띠에 더욱 빽빽하다. 이탈리안은 혀(6.3~6.6mm)가 서양종 중에서 긴 편에 속한다. 이탈리안 중에는 몸 전체가 선명한 황색을 띠는 울트라옐로우Ultral yellow bee 품종이 선발되었다.

　이탈리안은 행동이 점잖고 온순한 특징을 가지고 있다. 유밀기에 왕성한 수밀 활동을 할 뿐 아니라 분봉성이 적어 봉군당 채밀 성적이 우수하다.

　원산지인 지중해와 같이 겨울이 짧고 따뜻하며, 장기간 유밀이 되는 건조한 여름 기후가 사육에 적합하다. 추운 지역에서는 식량 소모율이 높고 상대적으로 월동력이 약하다. 유밀기에 왕성한 수밀력을 보이지만, 다른 벌통에서 꿀을 훔쳐 오는 도봉성이 강하고 다른 벌통으로 표류하기 쉬운 결점도 가지고 있다.

선발 육종을 통해 미국부저병에 저항성인 품종이 개발되었고, 꿀벌응애에 대한 일부 저항성 형질도 연구되고 있다. 우리나라에서 사육되는 서양꿀벌 대부분이 이탈리안이며 거의 잡종화되었다.

2. 카니올란 *A. m. carnica,* Carniolan bee

흑색 계통으로서 슬로베니아를 중심으로 오스트리아, 헝가리, 발칸반도 일대에 걸쳐 분포하며, 슬로베니아는 자국 카니올란의 유출을 법적으로 제한하고 있다. 이 벌의 몸 전체는 흑회색이고 몸의 털은 빽빽하며, 복부 2, 3 환절 등판에 갈색 점이 있다. 이탈리안벌과 비슷하게 몸집이 크고 복부 폭이 넓다. 벌집 위에서 조용하고 습성이 온순하여 취미 양봉가들이 선호하는 벌이다. 월동 중 저밀 소모량이 적어서 약군으로도 월동을 잘하며, 봄철에 세력이 빠르게 성장한다. 이러한 특징을 갖추고 있어 다소 추운 지방에서 적합하다.

여름철에 일정한 세력에 달하면 분봉열이 쉽게 생기는 것이 결점이지만, 장기간 육종에 의해 이점이 보완된 품종으로 대체되었다. 밀랍을 분비하여 조소 작업을 하는 속도가 느리다. 방위 감각이 발달하여 다른 계통에 비하여 표류 현상이 적으며, 도봉하는 성질도 적다. 프로폴리스를 적게 사용하여 순백의 밀랍으로 꿀을 덮으므로 벌집꿀 생산에 적합하다.

혀가 비교적 긴 편이어서(6.4~6.8mm) 레드클로버에서도 수밀 활동을 한다. 유럽부저병에 비교적 강하고, 잡종강세를 이용한 교배육종을 통해 우수한 품종이 개발되었다.

3. 코카시안 *A. m. caucasica,* Caucasian bee

러시아 코카서스 지방의 높은 계곡에서 발달한 벌이다. 일벌은 흑회색과 황색이 약간 섞이기도 하는데 카니올란과 구별하기 어렵다. 카니올란에 비해 몸집이 약간 작은 편이고, 배의 흑색 부분이 더 짙은 색을 띠며 몸체가 가늘고 길다. 수벌의 가슴털은 흑색이다. 일벌의 혀는 최대 7.2mm까지 이르고 있어 우수 보급종 중에서 혀가 가장 길다. 성질이 온순하며 봄철 세력 발달 속도가 더디지만, 여름철까지는 왕성한 세력을 갖춘다. 프로폴리스를 많이 사용하며 분봉성이 적은 것이 특징이다.

내한성은 있으나 가을 일찍 산란을 중지함으로써 강군으로 월동하는 것을 보기 힘들고, 성충이 노제마병에 감수성이어서 추운 지역에서는 월동 성적이 좋지 않을 수 있다. 밀개가 밋밋하고 흑색이어서 벌집꿀 생산에는 적합하지 않다. 일벌의 표류가 심하고 도봉 습성도 심하다. 그러나, 외적에 대한 방어력이 강하고 부저병에도 강한 장점을 가지고 있다.

유럽에서는 코카시안을 주축으로 하는 잡종강세 육종을 통하여 생산성이 높은 품종이 보급되었다.

표 2-2. 서양꿀벌 우수 3대 아종의 비교

아종명	*A. mellifera ligustica*	*A. m. carnica*	*A. m. caucasica*
일반명	이탈리안	카니올란	코카시안
체색	황색	흑회색	흑회색
원산지	이탈리아	발칸반도	러시아 코카서스
형태 특징	황색, 큰 체구	흑회색, 넓은 복부	흑회색, 긴 혀(7mm 이상)
장점	온순, 왕성한 산란력 봄철 빠른 번식 수밀력 강, 적은 분봉성	환경적응력 우수, 많은 꽃 방화 아주 온순, 월동력/내병성 강 표류 적음, 백색 밀랍 사용	생존력 강, 긴 수명 꿀샘 깊은 꽃 방화 월동력과 방어력 강
단점	월동력 약, 도봉성 강 내병성 약, 표류 심함	프로폴리스 적게 사용 심한 분봉성	프로폴리스 과다 사용 노제마병 취약

제3장

꿀벌 외부 형태

꿀벌은 다른 곤충들과 마찬가지로 키틴질의 외골격으로 둘러싸여 있다. 이 외골격은 외적과 기생체들로부터 몸을 보호하고, 체내 수분 증발을 억제한다. 아울러 내부 근육이 부착되어 여러 행동이 가능하도록 발달하였다.

몸은 머리, 가슴, 배로 구성되어 있으며 가슴과 배는 각각 여러 마디로 이루어져 있다. 머리에는 먹이를 섭취하는 입과 소화 통로인 식도가 있고, 감각기관인 눈과 더듬이(안테나)와 내부에는 감각을 수용하고 운동신경과 연결하는 신경중추가 위치한다.

가슴은 세 마디로 이루어지는데 운동기관으로 각 마디에 다리가 한 쌍씩, 뒤 두 마디에는 날개가 한 쌍씩 있고 근육이 발달하여 비행, 보행 등 다양한 활동을 할 수 있다(그림 3-1). 복부는 7개 마디로 구성되며, 내부에 소화와 배설, 호흡, 순환 등을 담당하는 대부분의 내부기관이 분포한다.

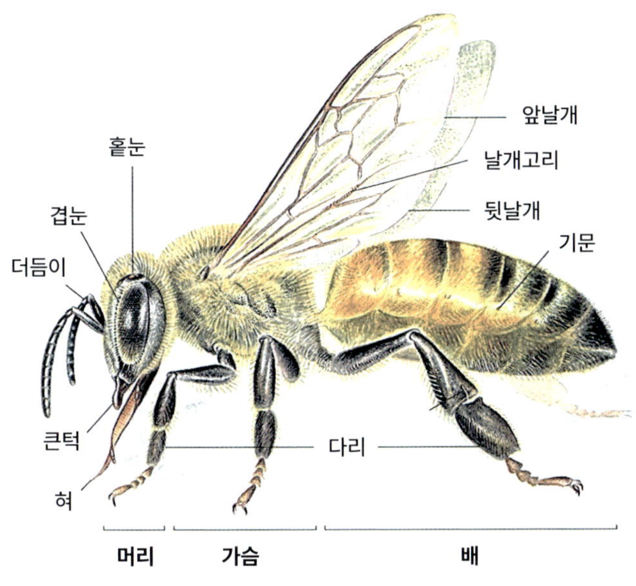

그림 3-1. 꿀벌의 전체적인 형태 구조

머리

머리는 크게 입주둥이, Mouth part, 눈, 더듬이Antenna로 구성된다. 다양한 감각을 수용하고, 꽃꿀과 꽃가루의 수집과 가공을 위해 특화된 입의 구조를 볼 수 있다 (그림 3-2).

1. 입

꿀벌의 입은 곤충의 다양한 입의 유형 중에서 씹고 빨아먹는 타입Chewing and lapping 에 속한다. 즉 고형 먹이를 잘게 부수고 액상 먹이를 흡입할 수 있도록, 큰턱Mandible 과 빨대형의 주둥이가 발달하였다. 큰턱은 먹이 씹기, 밀랍 집짓기, 애벌레와 여왕벌의 먹이 주기, 벌통 안 부스러기와 죽은 벌 청소, 싸움 등에 사용한다.

　꿀, 수분 등을 섭취하거나 먹이를 교환할 때는 빨대형 주둥이를 이용한다. 이 주둥이를 펼쳤을 때의 길이는 5.3~7.2mm로서, 꿀벌의 아종亞種 또는 지역 계통 별로 차이가 난다. 주둥이 길이는 꿀을 수집할 수 있는 밀원식물의 범위를 제한

한다. 주둥이는 작은턱Maxillae, 작은턱수염Galeae, 아랫입술Labium, 아랫입술수염 Labial palp, 혀Glossa가 모여 하나의 빨대 형태를 이룬다(그림 3-2). 평소에는 오므리고 있다가, 꿀을 빨 때는 혀를 쭉 내민다(그림 3-3).

그림 3-2. 일벌 머리의 외부 구조　　　**그림 3-3**. 혀를 오므렸을 때와 내밀었을 때

2. 겹눈과 홑눈

꿀벌은 겹눈Compound eye과 홑눈Ocellus을 갖고 있다(그림 3-2). 홑눈은 외골격이 경화된 단단한 렌즈로 3개가 있으며, 머리의 정수리에 위치하여 작은 삼각형을 이룬다. 홑눈은 상 조절이나 원근 조절이 되지 않고 단지 광도光度만을 수용하여 밝기나 해의 위치를 탐지한다.

　　겹눈은 약 6,900개(수벌 8,600개)의 육각형 낱눈으로 구성되며, 각 낱눈은 렌즈, 수정체, 색소세포, 망막세포로 구성된다(그림 3-4). 낱눈은 독립적으로 반응하며, 형체와 색채 인식, 움직임, 편광을 탐지하도록 특화되었다. 각 낱눈이 수용한 시각 정보가 중추에 모여서 모자이크 이미지를 만들어 내며, 각 낱눈은 약 1°씩 기울어져 있으므로 빠른 움직임을 탐지하는 데 능하다. 또한, 낱눈에 있는 감각털을 통해서 공기의 흐름도 탐지한다.

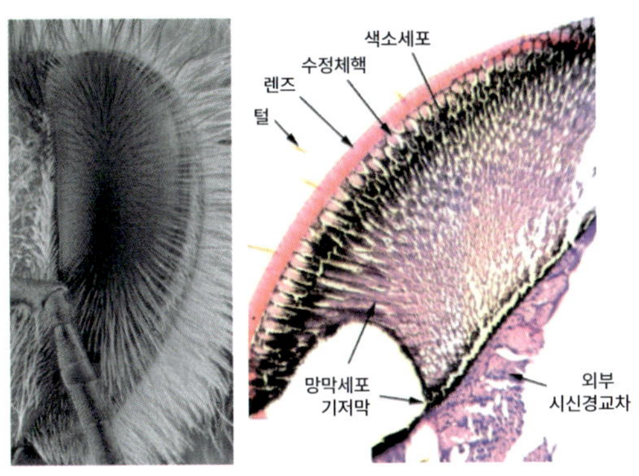

그림 3-4. 꿀벌 겹눈의 확대 사진과 겹눈의 시상(矢狀) 단면 구조(J. Carr, 2016 / permission)

3. 꿀벌의 색채 감각

꿀벌이 감지하는 가시광선의 파장 영역은 다른 곤충과 유사한 300~650nm로, 사람의 390~710nm보다 짧다(그림 3-5). 꿀벌은 녹색, 청색, 황색을 잘 식별하지만, 적색은 구분하지 못한다. 꿀벌의 3원색은 자외선, 청색, 녹색이며, 다른 색채들은 이들 3원색의 조합으로 이루어진다.

그림 3-6에서 사람은 꽃에서 반사되는 빛의 파장 중 노란색을 인지하지만, 꿀벌은 자외선의 간섭으로 전혀 다른 색으로 인식할 수 있다. 아울러 겹눈에 있는 수천 개 낱눈이 수집하는 이미지가 모자이크 상을 이룬다. 꿀벌이 인지하는 꽃 중앙의 붉은 무늬는. 자외선이 집중하여 반사되는 부분으로서 우리 눈에는 보이지 않지만, 식물이 꿀벌에게 꽃꿀을 분비하는 위치를 알려주는 밀표蜜票, Nectar guide 로서 공생 진화의 결과로 볼 수 있다.

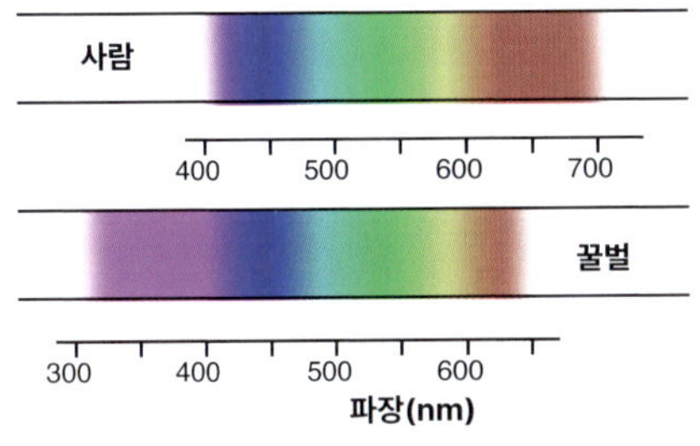

그림 3-5. 사람과 꿀벌의 가시광선 파장 영역

그림 3-6. 노란 꽃에 대한 사람의 시각(좌)과 꿀벌의 색채 이미지(중), 모자이크 이미지(우)

4. 더듬이

더듬이촉각, Antennae는 꿀벌에게 매우 중요한 감각기관이다. 촉감은 물론 미각과 후각을 담당하고 청각도 감지하는데, 특히 후각이 발달하였다. 병절柄節, Scape, 경절梗節, Pedicel, 그리고 10마디의 편절鞭節, Flagellum로 구성된다(그림 3-7, 좌). 꿀벌 안테나에는 다양한 감각털과 판형 감각수용기Pore plate가 산재하는데(그림 3-7, 우), 화학 자극은 주로 판형 감각수용기에서 이루어진다. 이 판형 감각기는 투과성 막질로 되어 있으며, 냄새 화학 물질이 막을 통과하면 그 아래 있는 감각 수용 세포가 신경을 통해 자극을 뇌로 보낸다(그림 3-8). 이 판형 감각수용기는 편절 여덟째 마디에 3,000개 정도가 집중하여 분포한다. 더듬이의 감각털은 이산화탄소, 습도, 공기 흐름 등을 감지하는 것으로 알려져 있다.

그림 3-9의 왼쪽 사진에서 편절에 인접한 경절의 절단면을 촬영한 오른쪽 전자현미경 사진을 보면, 안쪽에 많은 수의 음파감각기scolopale가 더듬이 신경antennal nerve을 둘러싸고 있는 존스톤 기관Johnston's organ이 자리하고 있다. 이 청각 기관으로 200~500Hz 주파수 범위의 소리를 감지하고, 비행 속도와 공기 흐름을 파악한다.

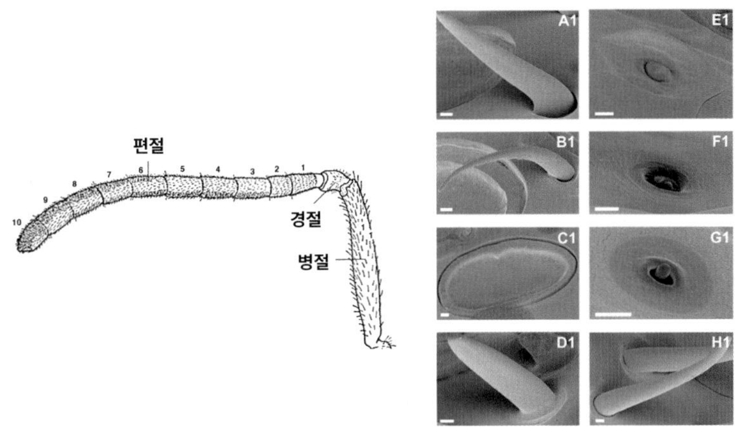

그림 3-7. 더듬이의 마디 구조와 편절에 분포하는 감각기 유형별 주사전자현미경 사진
(Jung 등, 2014/저자 제공)

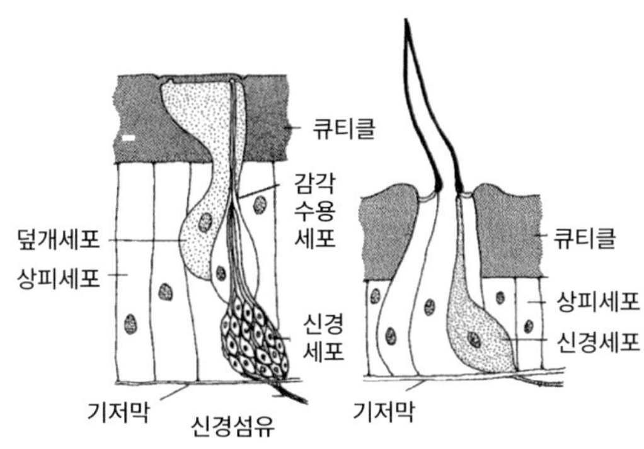

그림 3-8. 더듬이 판형 감각기와 감각털 내부의 감각 수용세포와 신경세포

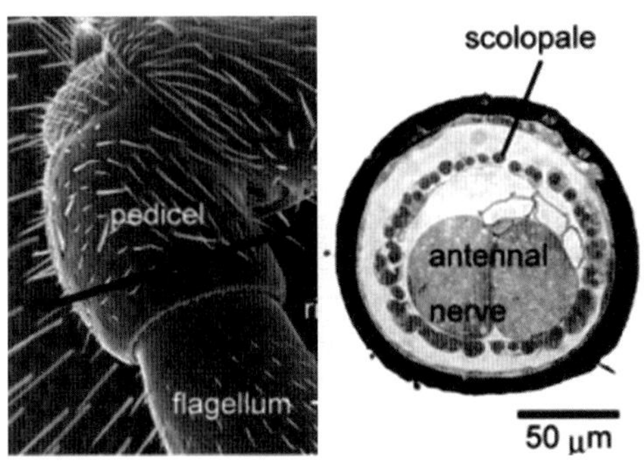

그림 3-9. 더듬이 경절 마디에 있는 존스톤 기관의 단면 내부 구조(H. Ai, 2010/CC BY 4.0)
(pedicel: 경절, flagellum: 편절, scolopale: 청각수용기, antennal nerve: 더듬이 신경)

41

가슴

가슴Thorax은 세 마디로 이루어지며 각 마디에 다리가 한 쌍씩, 뒤쪽 두 마디에 날개가 한 쌍씩 있어 비행과 보행, 먹이 수집 활동을 위한 운동 중추의 역할을 한다. 또한 활발한 근육 활동을 위해 산소 공급이 원활하도록, 가슴에 있는 기문氣門, spiracle은 복부의 기문보다 훨씬 크다.

1. 다리

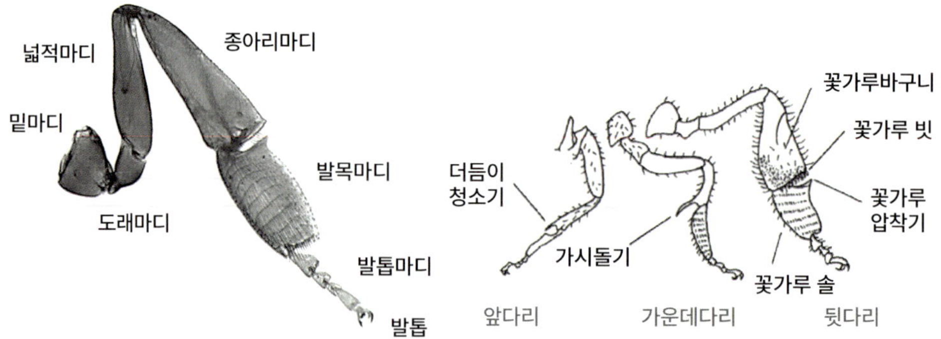

그림 3-10. 꿀벌 다리를 구성하는 마디

그림 3-11. 세 쌍의 다리에 발달한 특수 기관

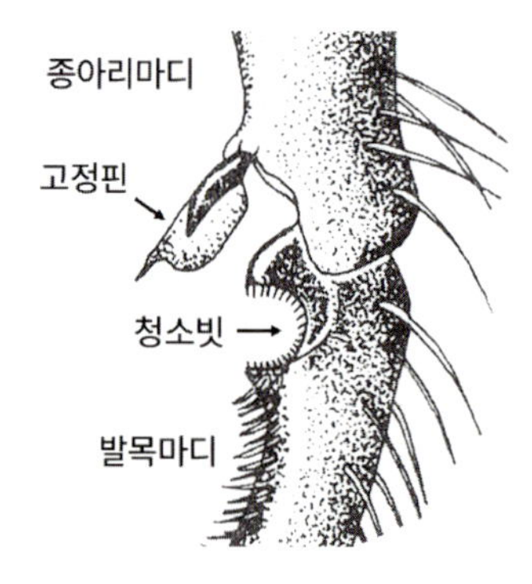

그림 3-12. 앞다리의 더듬이 청소기 구조

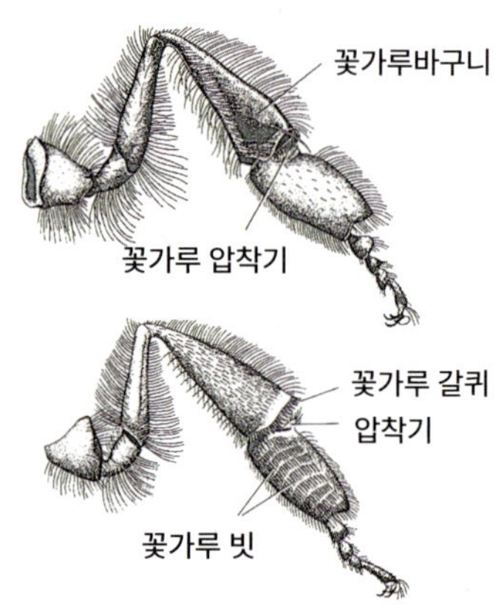

그림 3-13. 뒷다리의 꽃가루 수집기관
(위: 바깥쪽, 아래: 안쪽)

가슴

가슴에는 3쌍, 총 6개의 다리가 있다. 다리의 기본 구조는 비슷하나 뒷다리는 꽃가루를 운반하기 쉽도록 발달하였다. 각 다리는 몸체와 연결된 기부의 밑마디Coxa부터 도래마디Trochanter, 넓적다리마디Femur, 종아리마디Tibia, 발목마디Tarsus로 이루어진다. 발목마디는 발톱 마디와 발톱, 패드로 연결된다(그림 3-10).

다리는 보행뿐만 아니라 청소, 벌집 짓기, 꽃가루와 프로폴리스 수집과 운반 등 매우 다양한 활동에 필요하다. 앞다리 발목마디에는 긴 털이 있어 머리와 몸통의 이물질을 제거하는 데 사용되며, 종아리와 발목마디 사이에 둥근 더듬이 청소기가 위치한다한다(그림 3-11, 12). 한편, 가운데 다리의 같은 위치에는 긴 가시돌기가 있어서 밀랍샘에서 분비한 밀랍 조각을 떼어내는 데 사용한다(그림 3-11).

일벌의 뒷다리는 꽃가루(화분)를 운반하기 위해 꽃가루바구니Pollen basket, Corbicula가 특별하게 발달하였다. 종아리마디에 있는 넓고 움푹한 구조로 가장자리에는 짧은 털이 밀집하고, 중앙에는 일렬로 굵은 털이 있어 꽃가루를 뭉쳐 넣는다. 꽃가루 수집에는 종아리마디 말단에 있는 꽃가루 갈퀴Pollen rake, 발마디의 꽃가루 빗Pollen comb과 압착기Press가 관여한다(그림 3-13). 꽃가루 수집은 상당히 복잡하고 정교한 과정을 통해 이루어지며, 화분 뭉치(그림 3-14)의 무게는 꿀벌 계통, 계절, 꽃식물의 종류에 따라 3.2~11.7mg으로 차이가 있다.

그림 3-14. 일벌이 비행 중 화분을 뭉치는 모습(좌: H. Hillewaert, CC BY-SA 4.0)과 화분 뭉치의 현미경 사진(우: H. Yoder, M. Cyrus, CC BY-SA)

2. 날개

가슴 둘째 마디와 셋째 마디에 각 한 쌍의 날개가 붙어 있다. 앞날개가 뒷날개보다 크며 비행 시 앞뒤 날개는 뒷날개 위에 있는 날개고리翅鉤, hamuli에 의해 연결된다. 날개의 시맥은 날개 구조를 견고히 하고, 혈림프와 산소가 순환하는 통로가 되지만 성충이 되면 비생리 조직으로 경화된다.(그림 3-15).

날 때는 초당 날갯짓이 약 200회 이상이며, 이는 신경이 한 번 작용할 때마다 날개 근육이 공명 작용으로 여러 번 수축함으로써 가능하다. 횡경 근육이 수축하고 수직 근육이 이완하면 날개는 아래로 움직이고, 반대로 횡경 근육의 이완과 수직 근육의 수축은 날개를 위로 움직이게 한다(그림 3-15, 우). 날개가 초당 200회 진동하면 400Hz의 음파가 발생하여 사람이 들을 수 있다.

꿀벌은 시속 24~28km로 비행하는데, 혈당이 1% 이하이면 날 수 없어서 외역벌이 벌통 밖으로 나갈 때에는 일정량의 꿀을 보유하고 나간다.

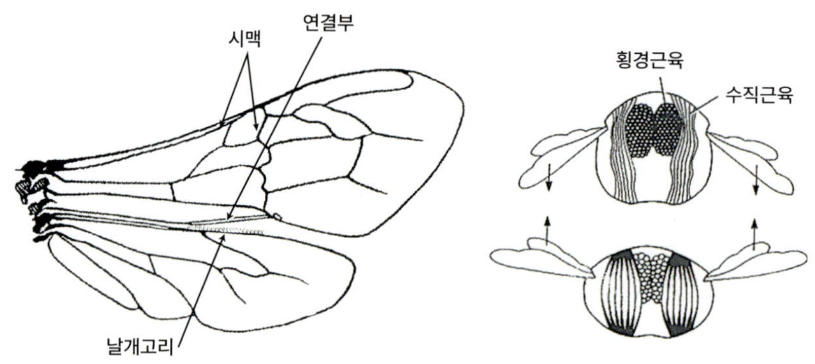

그림 3-15. 앞뒤 날개와 날개 고리 위치(좌), 가슴 근육에 의한 날개의 상하 운동(우)

3. 배

꿀벌의 배腹部, Abdomen는 7개 마디로 이루어져 있는데, 첫 번째 마디는 가슴에 붙어 있어 이를 전신복절前身腹節, Propodeum이라고 부른다(그림 3-16). 마지막 7번째 마디는 벌침 또는 생식기관이 위치한다. 애벌레의 배는 10마디이지만, 성충이 되면 8~10번째 마디는 7번째 마디에 융합된다.

배의 각 마디는 등판과 복판으로 이루어지며, 두 판은 끝부분의 폭이 서로 겹쳐 있다. 각 마디는 얇은 막으로 연결되고 내부에 근육이 붙어 있어 배의 신축이 가능하다. 배 내부에는 소화, 배설, 순환, 신경 등 중요한 내부기관들이 분포한다.

일벌의 배 말단에 있는 침은 산란기관이 변형된 것으로, 끝이 나선형의 톱니 구조로 되어 있어서 피부에 박히면 빠지지 않아, 일벌은 독주머니와 복부 일부가 떨어져 나가 곧 죽는다. 독샘에서 분비한 독은 독주머니에 저장되고, 벌침 안쪽의 독액 펌프와 이를 둘러싼 근육에 의해 독액을 분출한다(그림 3-17).

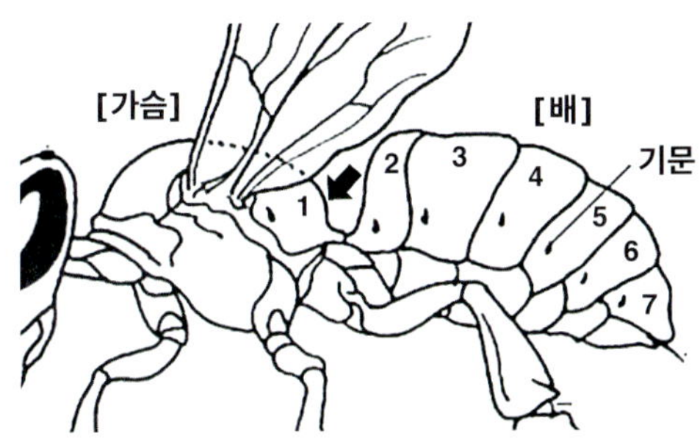

그림 3-16. 일벌 배의 7개 마디 위치

그림 3-17. 일벌 벌침의 부속기관(Snodgrass, 1925)과 살갗에 박힌 벌침
(Waugsberg, CC BY-SA 3.0)

꿀벌의 내부기관

꿀벌의 몸 내부에는 고유한 생리적 구조와 기능을 가진 소화기관, 순환기관, 호흡기관, 신경기관이 분포하여, 봉군의 생존과 번식을 위한 생명 활동을 관장한다.

꿀벌의 소화계는 꿀주머니(밀위)와 중장을 중심으로 음식물의 섭취, 저장, 소화를 맡는다. 꿀주머니는 꿀을 저장하고 운반하는 역할을 하며, 중장은 주요 영양소를 흡수한다(그림 4-1). 순환계는 혈관이 없는 개방형 구조로, 혈액 대신 혈림프가 순환하며 영양소와 노폐물의 이동을 담당한다.

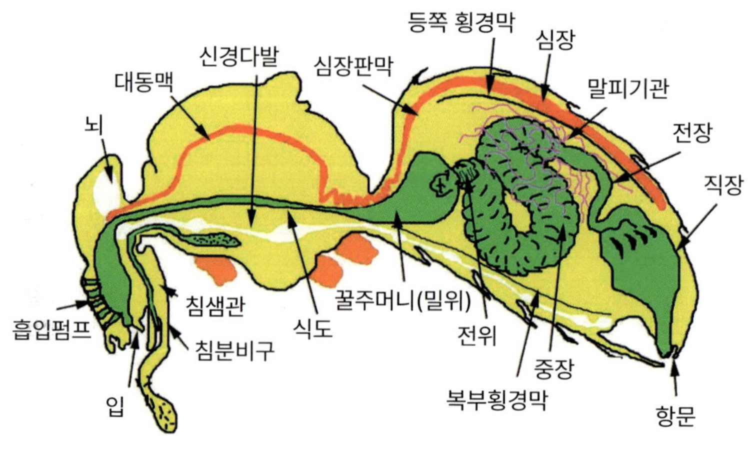

그림 4-1. 일벌의 외부기관과 내부기관의 구조와 분포(John Carr, 2012 / Permission)

심장은 대동맥과 연결된 관상 구조로 이루어지며 체내의 혈림프를 순환시키는 원동력이 된다. 호흡계는 몸 마디별로 기문과 기관으로 구성되어, 효율적으로 체내 산소를 공급하고 이산화탄소를 배출한다. 신경계는 뇌와 신경절로 이루어져 있으며, 꿀벌의 다양한 감각과 행동을 조절한다.

이러한 꿀벌의 내부기관들이 서로 유기적으로 조화를 이루어 꿀벌의 생존과 다양한 활동을 지원한다.

소화 배설기관

소화기관은 입에서 항문으로 길게 이어진다. 먹이는 입에서 식도Esophagus를 거쳐 꿀주머니蜜胃, Crop, Honey stomach로 도달한다. 꿀주머니는 섭취한 꿀을 저장하는 공간으로, 일부는 비행 중 에너지원으로 사용하고, 채취한 대부분 꽃꿀을 여기에 담은 후 집으로 돌아와 다시 벌집에 뱉어내어 저장한다. 이 꿀주머니는 신축성이 매우 커서 약 30~70mg, 최다 100mg의 꽃꿀을 담아올 수 있다. 꿀주머니와 중장Ventriculus 사이에는 짧은 전위前胃, Proventriculus가 있는데, 내부에 밸브가 있어서 먹이 물질의 이동을 조절한다. 전위가 열리면 중장으로 이동한 음식물은 본격적으로 소화 효소에 의해 분해되고 장 세포에 흡수된다. 이어서 전장Anterior intestine을 통해 직장Rectum으로 이동한다(그림 4-2).

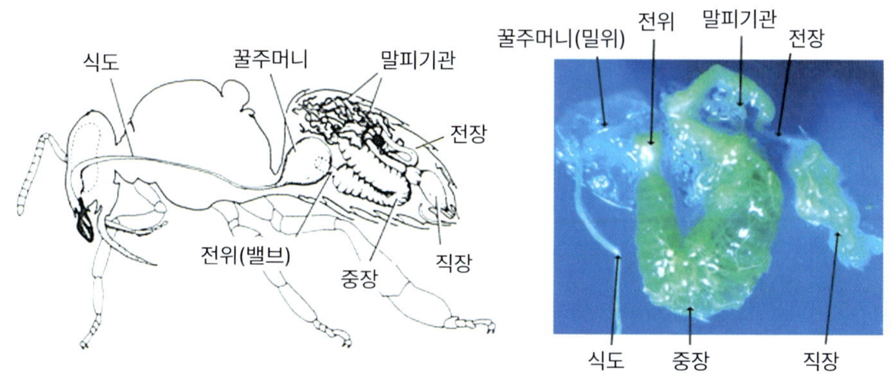

그림 4-2. 꿀벌의 소화관 구조(좌)와 소화기관을 해부한 모습(우, John Carr, 2012 / Permission)

소화 과정에서 생긴 질소대사 배설물은 혈림프를 통해 배설기관인 말피기관에서 흡수되고 직장을 거쳐 배설된다. 직장에서는 물과 일부 무기질이 재흡수된다. 월동 중인 일벌은 직장이 매우 부풀어 오르는데, 이는 꿀벌이 벌통 안에서 배설하지 않고 참았다가, 따뜻한 날 바깥으로 나가 비행하며 배설하기 때문이다. 한편 복부에는 에너지 저장을 위한 망상 조직의 지방체Fat body가 있어서 지방, 단백질, 탄수화물을 저장한다.

순환기관

꿀벌의 순환기관은 개방혈관계로 이루어져 있어서, 별도의 혈관이 없이 등 쪽에 위치한 단순한 심장과 대동맥이 혈림프Haemolymph의 이동을 주도한다(그림 4-3). 심장과 대동맥은 등쪽 횡격막Dorsal diaphragm이 지탱한다. 심장은 부풀어 있는 5개 심실로 이루어지고 각 심실의 옆면에 1쌍의 심문Ostium으로 들어간 혈림프는, 근육에 의해 대동맥을 따라 앞으로 흘러 머리와 가슴, 배의 체강體腔, Body cavity으로 순환한다.

혈림프는 뇌에서 분비하는 호르몬과 중장에서 소화 흡수된 영양소를 각 세포로 전달하고, 배설물을 배설기관으로 보낸다. 척추동물의 혈액과는 달리 산소를 공급하는 헤모글로빈을 가지고 있지 않다. 혈림프는 몸을 유연하게 하며, 몸을 보호하는 면역 기능과 혈구 세포가 상처를 아물게 하는 역할을 맡는다.

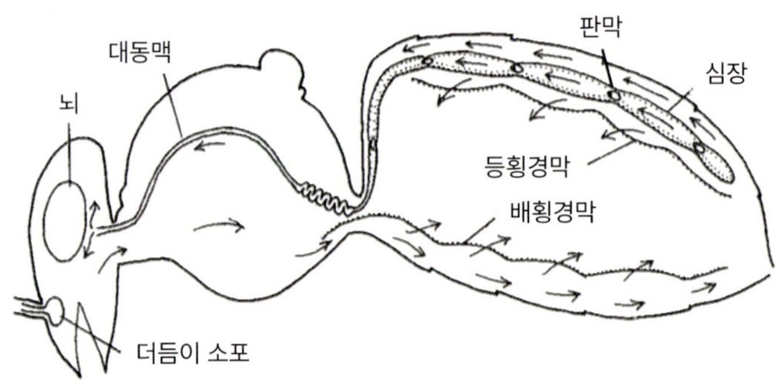

그림 4-3. 꿀벌의 순환기관, 횡경막과 혈림프의 흐름

호흡기관

꿀벌은 신진대사에 필요한 산소를 공급하고, 신진대사로 생긴 탄산가스를 배출하는 호흡기관을 잘 갖추고 있다. 포유류의 호흡기관인 코와 폐가 없는 대신에 기문氣門, Spiracle을 통해 호흡한다. 기문은 가슴에 3쌍, 복부에 7쌍이 몸 마디마다 측면에 분포한다(그림 4-4).

호흡기관은 기문, 기관, 기관지로 구성되는데, 기문은 외부에서 공기가 들어오는 구멍이며, 기관氣管, Trachea 은 기관 줄기와 함께 기문 내부의 굵은 관으로 구성된다. 기관의 일부가 부풀어서 얇은 막으로 된 공기주머니를 형성한다. 이 공기주머니는 체강의 대부분을 차지하는데, 특히 복부에는 2개의 큰 공기주머니가 있어서 복강의 대부분을 차지한다. 기관을 지나면 미세한 기관지Tracheole로 연결되는데, 이는 각 기관의 조직 세포에 넓게 분포한다. 기관지 끝에 있는 산소포화액은 세포막을 통해 각 세포의 원형질 내로 들어간다. 세포에서 발생한 이산화탄소는 직접 기관지로 보내지 않고 주변의 혈림프로 확산하여 기관을 통하거나 얇은 피부를 통해 방출된다(그림 4-4).

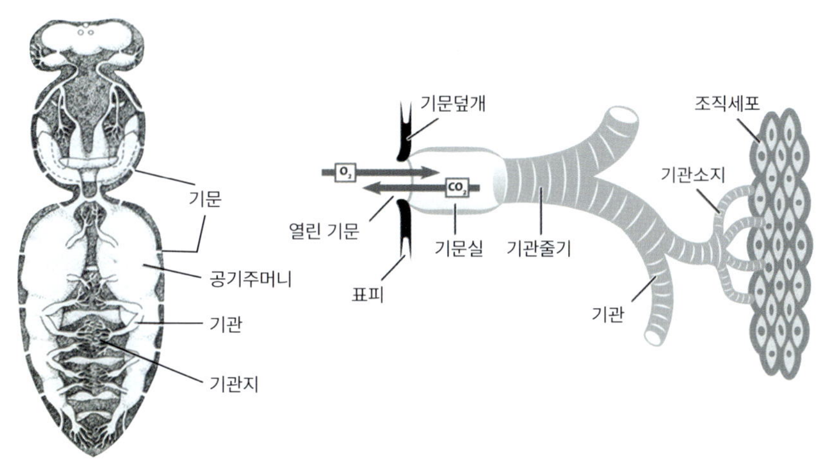

그림 4-4. 꿀벌의 호흡기관 분포(Snodgrass, 1910)와 호흡 가스의 통로

신경기관

꿀벌의 신경기관은 다양한 감각과 행동을 조절하는 정교한 구조로 이루어져 있다. 신경계는 크게 뇌와 흉복부 신경절, 신경 말초로 구성된다. 각 신경절은 신경구Ganglion를 형성하고, 다시 신경섬유Nerve cord로 나뉘어 각 조직에 분포한다.

뇌Brain는 전대뇌Protocerebrum, 중대뇌Deutocerebrum, 후대뇌Tritocerebrum 등 3개의 신경구로 나뉘어 감각의 중심부가 된다. 전대뇌는 겹눈과 홑눈으로 이어지는 시신경엽Optic lobe과 연결되어 시각을 담당한다. 전대뇌 아래 중대뇌는 더듬이에서 오는 감각 정보를 처리하는 더듬이신경엽Antennal lobe이 위치하고, 중대뇌와 융합된 후대뇌는 입 주변의 감각을 관장하며 먹이 섭취 운동을 조절한다(그림 4-5, 좌).

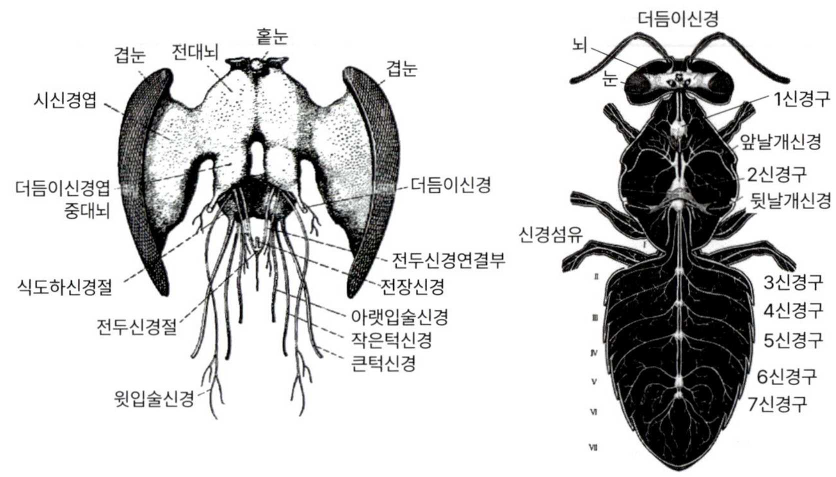

그림 4-5. 뇌(좌)와 신경기관의 분포(우)(Snodgrass, 1956)

흉부, 복부에는 여러 신경구가 배열되어 있는데, 흉부의 2개 신경구는 몸통과 다리와 날개의 운동을 조정한다(그림 4-5, 우). 복부에는 5개의 신경구가 있으며 신경구에서 나오는 신경은 끝으로 갈수록 가는 신경섬유로 분지되어, 각 조직 및 기관에 분포하며 말초신경계를 형성한다. 감각 신경은 외부 자극을 뇌 또는 중추신경절로 전달하고, 중추신경에 의한 운동 자극을 근육에 전달한다.

내분비기관

곤충의 내분비계Endocrine system는 몸의 체내 중추신경에서 분비하는 호르몬을 통해, 각 기관(표피, 소화기관, 생식기관, 지방체 등)의 발육과 생리적 또는 행동적 변화를 조절한다. 주요 호르몬으로는 유충 상태를 유지하는 유충호르몬Juvenile Hormone, JH과 탈피와 성숙을 촉진하는 탈피호르몬엑디손, Ecdysone이 있다.

뇌에서는 특정 신경 전달물질과 호르몬을 분비하여, 꿀벌의 발육 단계에 따라 필요한 유충호르몬의 분비를 촉진 또는 억제하는 역할을 한다. 뇌 뒤쪽에 위치하는 카디아카체Corpus cardiaca는 뇌에서 분비된 전흉선자극호르몬PTTH, Prothoracicotropic hormone을 저장, 방출하여 전흉선의 탈피호르몬 분비를 조절한다. 이와 인접한 한 쌍의 알라타체Corpus allata는 직접 유충호르몬을 분비한다(그림 4-6). 한편 유충의 뇌 아래쪽에 있는 전흉선Prothoracic gland은 탈피호르몬을 분비하는 내분비샘으로, 이 탈피호르몬은 주로 유충 단계에서 성충으로 발육할 때마다 특정 시기에 탈피를 촉진하는 역할을 한다.

유충호르몬(JH)은 유충기에 탈피와 변태를 억제하는 내분비 물질이지만, 성충에 이르면 생식샘 자극 호르몬으로 작용하여 난황 형성을 촉진한다. 지방체에서 난황단백질을 합성하는 유전자의 발현을 유도하는데, 특히 겨울철 월동을 위해 난모세포가 혈액의 난황단백질Vitellogenin을 흡수하여 난황을 축적하게 한다(그림 4-7).

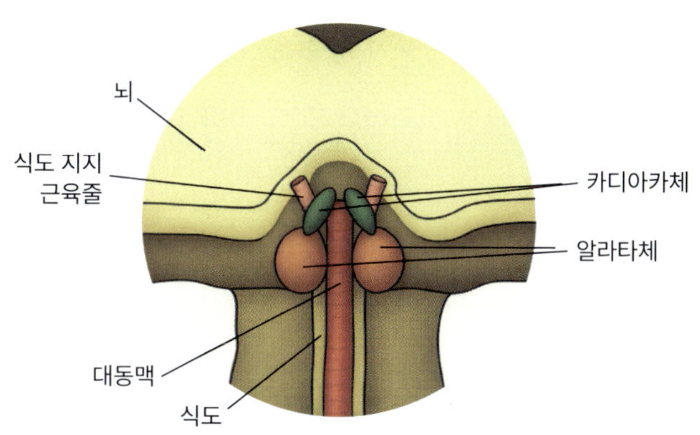

그림 4-6. 머리 뒤쪽 단면의 내분비샘 분포와 연결 모식도

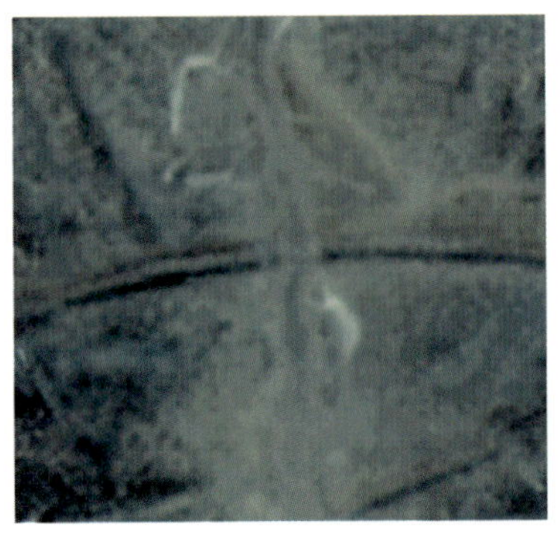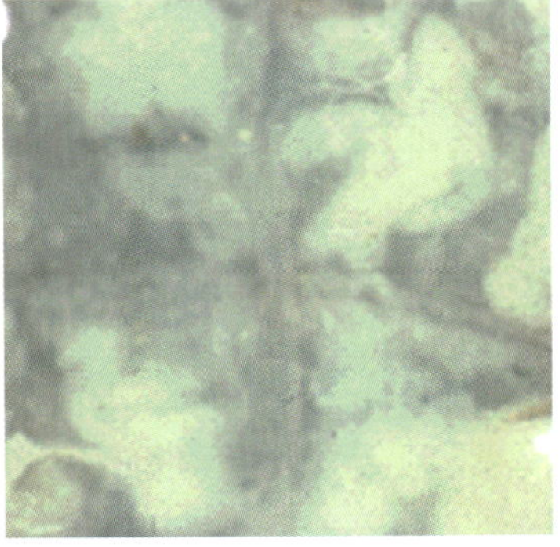

그림 4-7. 활동기 외역벌(좌)과 비교한 월동 일벌(우)의 체내 단백질 축적 지방체

외분비 기관

꿀벌의 외분비계Exocrine system 기관은 밀랍샘과 소화와 관련한 머리샘, 가슴샘, 하인두샘이 있고, 꿀벌 집단 내 행동 관련 신호 물질인 페로몬을 분비하는 큰턱샘과 듀포샘, 나사노브샘, 독샘 등이 있다(그림 4-8, 위).

1. 소화샘과 먹이샘

꿀벌의 소화샘으로 머리샘Head gland과 가슴샘Thoracic gland이 있다. 머리 뒤쪽에 있는 머리샘은 번데기 시기에 침샘이 자라서 발달한 것이며, 가슴의 안쪽에 있는 가슴샘은 유충의 실크샘Silk gland이 발달한 것이다. 두 소화샘에서 분비된 소화액은 입으로 나오면서 하나의 관으로 합쳐진다. 이 관은 혀의 기부와 아랫입술 끝부분 움푹 파진 곳으로 열려있으며 여기서 혀 속의 관을 따라 혀끝에서 소화액이 분비된다. 이 소화액은 당분을 분해하고 고형물질을 유연하게 하는 기능이 있다. 머리샘에서는 지용성 분비물, 가슴샘에서는 수용성 분비물을 생성한다.

하인두샘Hypopharyngeal gland은 먹이샘食腺, Food gland으로도 불리며, 일벌 머리 앞쪽 내부에서 액상의 로열젤리를 생산하는 특별한 분비샘이다. 1쌍의 하인두샘은 포도송이처럼 생겼으며, 이 샘은 일벌의 입 안쪽으로 열려있다(그림 4-8). 분비한 로열젤리는 먹이 관Food channel에 모이고, 큰턱이 벌어지고 윗입술이 위쪽

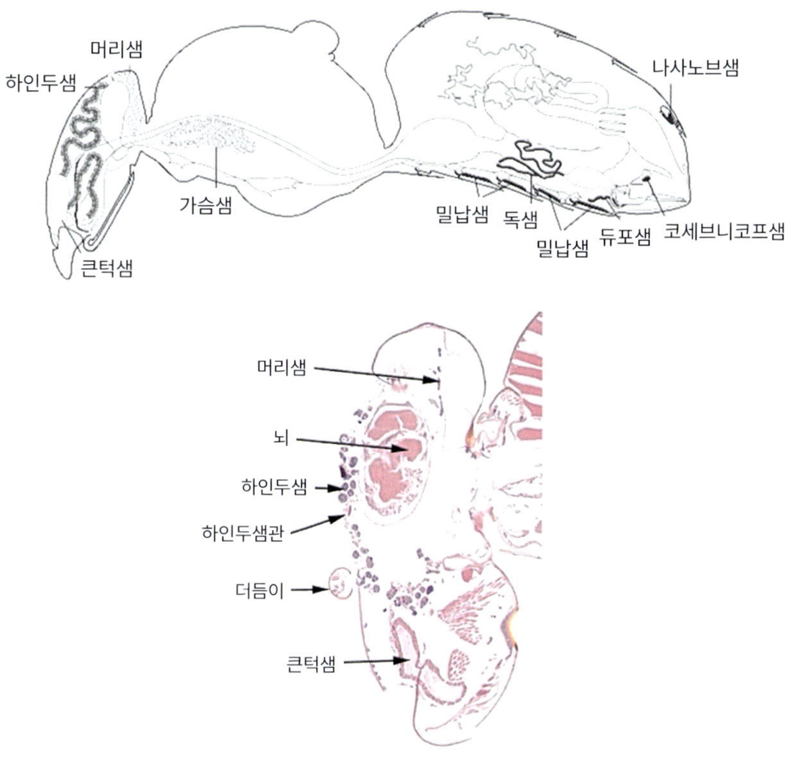

그림 4-8. 일벌의 외분비샘 분포도와 머리 내부의 시상(矢狀) 단면 구조
(© John Carr, 2012 / Permission)

으로 올라가면 외부로 흘러 나간다. 분비물은 단백질과 지방, 비타민으로 구성된 로열젤리(유충 먹이)와 꽃꿀의 자당을 분해하는 전화효소Invertase로 구분된다. 로열젤리는 여왕벌은 물론 일벌, 수벌 어린 유충들의 중요한 먹이가 된다.

어린 일벌이 충분한 단백질을 공급받으면 출현 5~15일 이후에 하인두샘이 최대 크기로 발달하며(그림 4-9), 이후 점차 크기가 작아져 전화효소만을 분비한다. 그러나 나이 든 일벌도 봉군 내에서 유충 양육이 필요한 상황이 되면, 다시 하인두샘의 크기가 커진다. 큰턱샘에서도 로열젤리의 중요 성분인 10-HDA(10-hydroxy-2-decenoic acid)를 일부 생산한다.

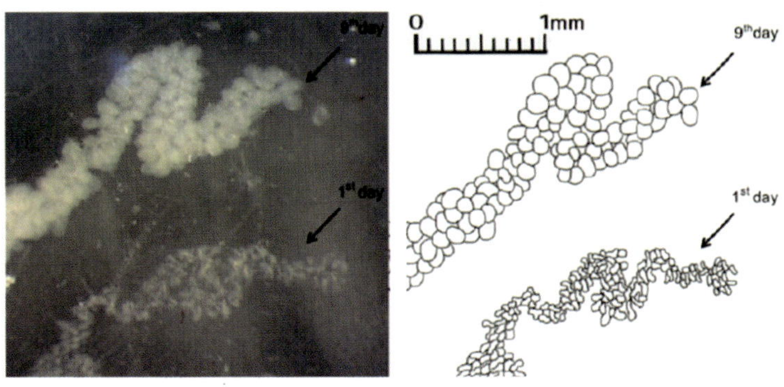

그림 4-9. 번데기에서 우화(羽化) 후 1일 일벌과 9일 지난 일벌의 하인두샘 비교
(Darvishzadeh 등 2015, CC BY 4.0)

2. 밀랍샘

밀랍샘Wax gland 은 일벌 복부 4~7마디에 각 마디당 1쌍, 총 4쌍 8개가 분포하는
데, 이 샘은 표피세포가 분화된 것으로 벌집을 짓기 위한 밀랍Bee wax을 분비한
다. 밀랍샘은 밀랍경蜜蠟鏡, Wax mirror 안쪽에 위치하며, 밀랍 분비가 왕성한 유충
은 크게 부풀어 오른다. 액상의 밀랍을 분비하면 밀랍경에서 단단하게 굳은 후(그
림 4-10), 가운데 다리의 종아리마디와 발목마디 사이에 있는 가시돌기를 이용하
여 떼어내어 큰턱으로 씹어서 벌집을 짓는다.

밀랍은 일벌이 꿀을 섭취하면 밀랍샘 세포에서 밀랍으로 전환되는데, 1kg의
밀랍(약 991,000개 조각)을 생산하기 위해서는 8.4kg의 꿀이 소모된다. 밀랍의 성분
은 에스터Ester 70~80%, 탄화수소 12~16%, 자유 지방산 12~15%, 알코올 5% 내
외로 이루어진다. 보통 밀랍은 투명한 백색이지만, 꽃가루에서 유래한 지용성 카
로티노이드Carotinoid로 인해 연한 황색을 띤다.

그림 4-10. 일벌이 밀랍을 분비하는 모습   그림 4-11. 복부 말단 나사노프샘에서
페로몬을 발산하는 모습

3. 페로몬 샘

꿀벌 개체 간 의사소통을 위하여 분비하는 화학 물질인 페로몬을 분비하는 샘이
여러 곳에 분포한다(그림 4-8, 위).

먼저 큰턱샘Mandibular gland은 일벌과 여왕벌에서 발달하였고, 수벌은 축소되
어 흔적만 보인다. 큰턱의 안쪽에 한 쌍이 있으며, 여기서 분비하는 페로몬은 꿀
벌의 사회성과 의사소통에 중요한 역할을 담당한다.

여왕벌과 일벌이 분비하는 이 물질은 각각 다르게 작용하는데, 여왕벌의 큰턱
샘은 여왕벌 물질Queen substance로 알려진 페로몬을 분비한다. 주성분은 9-ODA
(9-Oxo-2-decenoic acid)와 9-HDA(9-Hydroxy -2-decenoic acid)인데, 일벌들에게
자신의 존재를 알려서 꿀벌 봉군의 안정을 유지하고 새 여왕벌 생산과 분봉, 그
리고 일벌의 난소 발육을 억제한다. 또한, 교미 비행을 할 때 수벌을 유인하는 성
페로몬의 역할도 한다. 한편, 일벌의 큰턱샘은 봉군이 외부의 위협을 받을 때 경
보페로몬 물질Isoamyl acetate을 분비하여 다른 일벌들에게 공격 신호를 보낸다.

나사노프샘Nasanov gland은 벌의 6마디 등판 안쪽에 위치하며, 일벌이 엉덩이
를 들면 마디 사이 갈색 밴드로 노출된 샘을 볼 수 있다(그림 4-11). 여기서 방출
된 화학 물질은 선풍 행동을 통해 대기로 확산한다. 나사노브샘 페로몬의 주요
성분은 모노테르펜 알코올Monoterpene alcohol 계열의 7종 휘발성 물질(Geraniol,

Nerolicacid, Geranic acid, E-citral, Z-citral, E-farnesol, Nerol)로 꿀벌이 멀리서도 이 향기를 맡고 찾아온다. 벌통과 분봉군의 위치, 꽃이나 물이 있는 장소를 동료 일벌들에게 알리는 집합 페로몬의 역할을 하며, 꽃을 찾아 동료들에게 알려줄 때도 이용된다.

등판샘Tergal gland은 여왕벌의 복부 3~5번 등판의 아랫면에 위치하며, 탄화수소와 지방산의 비휘발성 물질을 분비한다. 주로 일벌이 여왕벌을 인식하고 수행 활동을 유도하는 기능이 있으며 처녀 여왕벌과 교미 직후의 여왕벌에서 활성화된다.

코세브니코프샘Koschevnikov glands은 일벌과 여왕벌 복부 끝부분, 벌침 내부 주변에 위치하며 벌이 위협을 받았을 때, 다른 벌들에게 위험을 알려 방어 행동을 유발하는 일종의 경보페로몬을 분비한다. 주성분은 아이소아밀 아세테이트Iso amyl acetate로 바나나 향과 비슷한 냄새가 나며, 경보 신호를 전달하는 화합물로 일부 아세테이트Butyl acetate, Pentyl acetate가 포함된다.

듀포샘Dufour's gland은 복부 끝부분, 특히 벌침과 가까운 위치에 있으며, 여왕벌의 듀포샘은 페로몬을 분비하여 자신의 생리적 상태와 건강을 알리는 역할을 하거나, 알을 보호하고 알을 벌집에 부착하는 것으로 추정한다. 일벌의 듀포샘은 여왕벌만큼 발달하지 않았지만, 여기서 분비하는 물질이 벌집을 표식하는 데 관여하고, 독샘 옆에서 알칼리성 물질을 분비하여 독샘의 분비를 조절하고 벌침의 윤활 작용을 하는 것으로 추측한다. 주성분은 지방산과 에스터 화합물이다.

4. 독샘

독샘Venom gland은 일벌이 벌침에 사용하는 독을 생성하는 분비샘이다. 독샘에서 많은 분비세포에 의해 생성된 독이 독주머니에 저장되고, 일벌의 방어 행동 시 벌침을 통해 공격 대상에 주입된다.

꿀벌의 봉독 성분은 주로 멜리틴Melittin, 아파민Apamin, 포스폴리파아제Phosp holipase A2 같은 활성 성분으로 구성되며, 이 독은 단순히 공격뿐만 아니라, 다른 꿀벌들에게 위험을 알려서 공격을 유도하는 경보페로몬으로도 작용한다. 공격행동을 유발하는 휘발성 성분(Isoamyl acetate, 2-nonanol, n-butyl acetate, n-hexyl acetate, benzyl acetate, isopentyl alcohol, n-octyl acetate)은 꿀벌이 벌침을 내밀고 선풍 작업을 하거나, 공격 후 벌침이 뽑혀 나올 때 방출되어, 주변의 일벌을 자극함으로써 이곳으로 몰려들어 집단 공격을 하도록 유도한다.

유충의 내부기관

꿀벌의 유충(애벌레)은 벌방 안에서 일벌이 공급하는 먹이에 의존하며 다른 활동 없이 오직 발육 성장하는 과정으로, 소화기관이 대부분 몸체 내부를 차지하고 있다. 아주 긴 중장과 짧은 후장에 발달한 말피기관이 분포하고, 배설물과 노폐물은 후장에 저장한 후 번데기가 되기 직전에 배설한다. 실크샘이 몸 전체에 길게 발달하여, 유충 말기에 고치를 토해서 밀랍과 함께 봉개를 형성한다(그림 4-12, 좌).

유충의 각 몸마디 측면에 있는 한 쌍의 기문으로 호흡하고, 기문은 기관 줄기와 기관, 기관소지氣管小枝를 통해 몸 조직에 산소를 공급하고 탄산가스를 배출한다. 유충의 신경계는 단순한 구조의 뇌가 감각 반응과 운동을 조절한다. 복부 마디마다 각각 신경구와 신경절을 이루어 신경 자극을 전달한다(그림 4-12, 우).

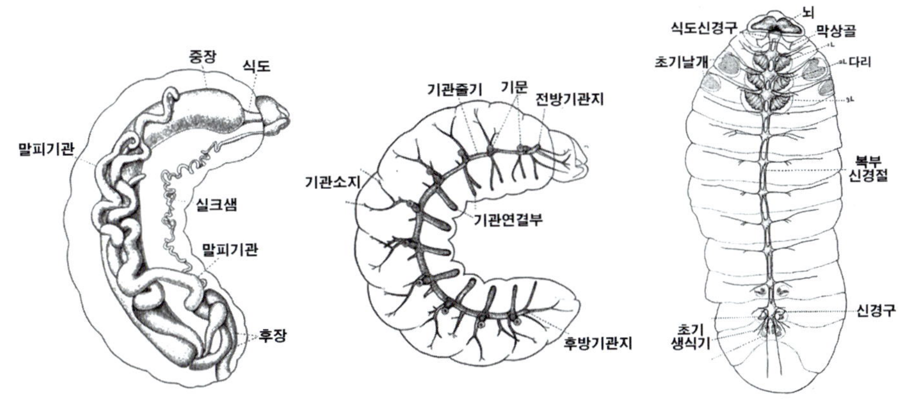

그림 4-12. 일벌 유충(5령)의 내부기관
(왼쪽부터 소화기관, 호흡기관, 신경기관)(Snodgrass, 1956)

제5장

꿀벌 생식과 발육

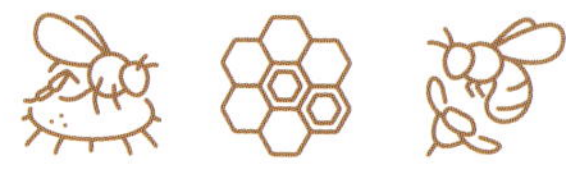

1. 꿀벌의 생식

꿀벌의 생식 활동은 여왕벌에 의해 이루어진다. 다수의 수벌과 교미를 마친 여왕벌은 평생 벌집에 알을 낳는 일을 하지만, 같은 암컷인 일벌들은 생식 활동을 포기하고, 애벌레 양육과 식량 수집, 청소와 방어 등 봉군의 생존을 위한 모든 일을 도맡아 한다.

알에서 태어나는 꿀벌은 일차적으로 단위생식 여부에 의해 암수가 결정될 뿐만 아니라, 성 결정 대립인자의 조합에 의해 배수체 수벌이 출현하기도 한다.

염색체 감수분열과 수정

꿀벌의 알은 바깥쪽의 껍질과 안쪽의 세포질 및 핵으로 이루어진다. 핵 내부는 염색질로 이루어지고, 세포분열 과정에서 여러 개의 염색체로 변환된다. 염색체에는 유전자가 위치하는데, 유전자는 염기서열 정보를 보유한 DNA로 이루어지며 유전 형질에 관한 정보를 담고 있다.

　꿀벌의 경우 수정되지 않은 알에는 16개의 염색체가 존재한다. 알이 수정되는 과정에서 정자가 알의 내부로 침투한다. 알의 세포질에서 정자는 핵으로 전환된다. 마찬가지로 이 정자의 핵에도 16개의 염색체가 존재한다. 알의 핵과 정자의 핵이 융합되는 과정을 수정受精, Fertilization이라고 한다(그림 5-1).

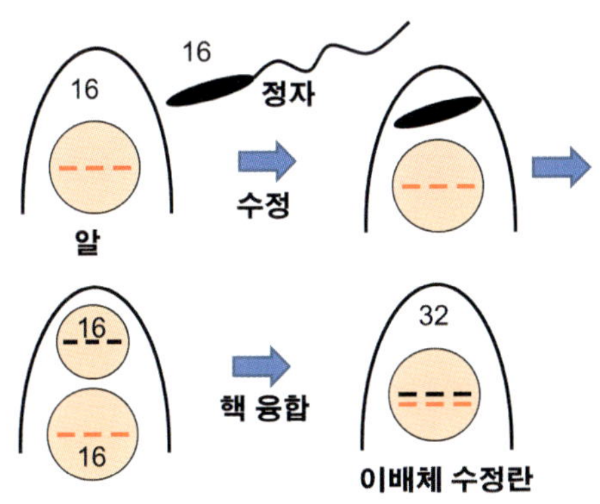

그림 5-1. 여왕벌이 산란한 알과 수벌 정자의 수정 과정

　꿀벌은 미수정란과 수정란에서 모두 발육이 가능하다. 단위생식에 의해 무정란으로부터 수벌이 발생하고, 수정란에서는 암컷인 일벌과 여왕벌이 태어난다.

　정자는 수벌의 정소에 있는 생식세포로부터 만들어지고, 알은 여왕벌의 난소 세포로부터 형성된다. 이들은 기능적으로 완전한 정자와 알이 되기 전에 일정한 성숙단계를 거쳐야 한다. 알이 형성되는 과정에는 소위 '감수분열Meiosis'이 일어난다. 이 단계에서는 먼저 난소 세포에 있는 32개 염색체 중에서 두 개의 닮은 상동 염색체가 서로 이웃하여 붙어서 총 16쌍을 이룬다. 다음에 각 쌍을 이룬 염색체는 분리되어 서로 반대 방향으로 이동한다. 새로운 세포막이 생겨 이들을 둘러싸면 두 개의 새로운 세포가 생겨난다. 이렇게 해서 염색체 수의 감소가 일어나는데, 새로 생겨난 알의 핵은 원래 32개 염색체의 반수인 16개 염색체를 갖는다.

　쌍을 이룬 상동 염색체에서 어느 쪽이 새 핵으로 들어가는가 하는 것은 확률에 따른다. 결과적으로는 다양한 종류의 염색체 조합이 생긴다. 2쌍의 염색체가 있다면 2^2, 즉 4개의 조합이 이루어진다. 염색체 쌍이 많을 때, n을 염색체 쌍의 개수라고 하면 총 2^n의 조합이 가능해진다. 꿀벌은 16쌍의 염색체가 있으므로, 미수정란의 염색체 조합은 2^{16}으로 총 65,536개의 조합이 이루어진다. 알이 정자와 수정된 후에는 다시 한 쌍의 32개 염색체를 보유한다.

단위생식과 성 결정 유전자

정자와 수정되지 않은 알(미수정란)에서 개체가 발생하는 단위생식Parthenogenesis은 처녀생식이라고 불리기도 하는데, 벌목目 곤충에서 흔히 나타나는 생식적인 특징이다. 특이한 조건이 아닌 경우, 수컷(수벌)은 미수정란에서 발생한다. 그러므로 수벌을 생산한 여왕벌이 이 수벌 정자가 수정되어 알에서 발생한 암컷(여왕벌, 일벌)에 대하여 실질적인 아비 역할을 한다.

1845년 지어존J. Dzierzon은 처음으로 수벌이 미수정란에서 발생하므로, 수벌에게는 아비는 존재하지 않고 오직 어미만 있다는 사실을 발표하였고, 1913년 나흐츠하임H. Nachtsheim은 암컷으로 발생하는 수정란은 32개(16쌍)의 이배체 염색체를 갖고 있지만, 수벌의 알은 반수인 16개 염색체만을 가지고 있음을 관찰하였다. 이후 반수체 수벌의 발생 과정에 대해 세포학을 토대로 많은 연구가 있었다.

반수체 개체가 수컷으로 발생하고 배수체가 암컷으로 발생하는 데는, 일련의 '성 결정 유전자'가 작용하고 있다. 화이팅Whiting, 1943은 고치벌 1종에서 배수체 수벌을 발견하였고, 여러 대립인자Multiple alleles의 형태로 존재하는 단일 유전자 위치에서 성 결정이 이루어진다는 사실을 밝혔다. 즉 수정란의 성 결정 유전자 자리에 서로 다른 두 대립인자가 이형접합Heterozygous 상태일 경우 암컷으로 발달하고, 동일한 두 대립인자를 갖는 동형접합Homozygous인 개체는 배수체 수컷으로 발육한다는 것이다. 최근에는 이들을 '상보적 성결정 유전자'Complementary sex determiner, csd라 부른다.

한편, 미수정란에서도 암컷이 발생하는, 이른바 산자産雌 단위생식Thelytoky 현상이 남아프리카의 케이프 벌Cape bee, *Apis mellifera capensis*에서 발견되었다. 즉 산란성 일벌이 낳은 미수정란에서 수벌뿐 아니라 암컷인 여왕벌이 탄생할 수 있다는 사실이 알려졌다. 이 현상은 알세포가 감수분열 직후 재결합하여 배수체 핵을 형성한 결과로 해석되었다. 비단 이 현상은 케이프 벌에만 국한되는 것은 아니고, 일부 꿀벌 계통에서 처녀 여왕벌을 이산화탄소CO_2 처리 후 봉군에 유입하여 무정란을 산란시켰을 때, 극소수의 암컷 일벌(1% 미만)이 발생하는 것이 발견되기도 하였다. 또한 처녀 여왕벌이 최초로 산란한 무정란 알에서 간혹 일벌이 발생하는 것과 일정 기간 강제로 여왕벌의 산란을 중단시킨 후, 산란을 재개시켰을 때도 아주 드물게 이런 현상이 나타나는 것이 관찰되었다.

성 결정 대립인자와 배수체 수벌

여왕벌 인공수정 기술이 발달하면서 꿀벌을 인위적으로 교배하는 것이 가능해져 성 결정 유전인자에 관한 연구가 활발해졌다. 고치벌에서 연구된 결과와 마찬가지로 꿀벌에서도 상보적 성결정 유전자csd 위치에서 대립인자의 동형접합 결과로 50%의 유충이 제거되거나 발육이 현저히 저하되는 현상이 관찰됨으로써, 수정란에서도 수벌이 발생할 수 있다는 사실이 확인되었다. 이 현상은 벌통 안에서는 관찰할 수 없는데, 그 이유는 알에서 부화한 지 6시간 이내에 일벌들이 이들을 제거하기 때문이다. 이 결과 육아 벌집에 유충이 없는 빈 벌방이 나타난다.

표 5-1과 같이 성 결정 대립인자 Xa/Xb를 갖는 여왕벌이 생산한 반수체 수벌은 Xa 또는 Xb를 갖게 되고, 다시 이 수벌을 같은 유전형의 처녀 여왕벌과 수정하게 되면 정상적 암컷으로 발육하는 Xa/Xb(50%)와 이상 발생으로 인해 일벌에 의해 제거되는 배수체 수컷 Xa/Xa와 Xb/Xb가 50% 비율로 나타난다. 꿀벌의 이러한 상보적 성결정 유전자의 수는 연구자마다 연구 재료로 이용한 꿀벌 집단에 따라 서로 다르게 보고하고 있는데, 예전에는 최소 20개 이상으로 추정하였지만, 최근 분자 마커 분석을 통해 80~100개 이상의 다양성이 존재할 것으로 보고 있다.

표 5-1. 모자(母子) 교배에 의한 배수체 자손의 성(性)과 계급

여왕벌 수벌	♀ XaXb		수정 후 배수체의 성(계급)
	Xa	Xb	
♂ Xa	XaXa		배수체 수벌
		XaXb	정상 암컷(일벌, 여왕벌)
♂ Xb	XaXb		정상 암컷(일벌, 여왕벌)
		XbXb	배수체 수벌

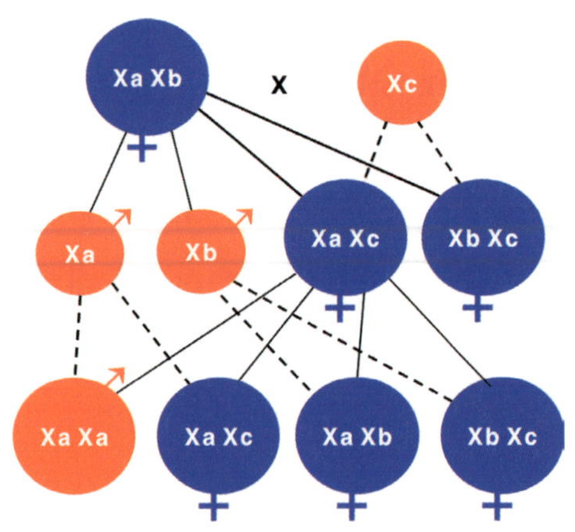

그림 5-2. 꿀벌의 암수 성 결정 모식도
(큰 원: 배수체, 작은 원: 반수체, 청색 원: 암컷, 적색 원: 수벌, 실선: 알 제공, 점선: 정자 제공)

그림 5-2에서 여왕벌이 다른 성 대립인자를 갖는 한 마리의 수벌과 교배할 경우(XaXb × Xc), 이 여왕벌(XaXb)은 각각 Xa와 Xb를 갖는 알을 생산하고, Xc를 갖는 수벌과 교미하여 수정한 결과로, 이형접합인 암컷 XaXc와 XbXc를 생산한다.

일단 이 교배에서는 배수체 수벌이 나오지 않는다. 이후에 XaXc를 가진 처녀 여왕벌을 남매 관계인 수벌 Xa로 교배하면, 이 여왕벌은 암컷인 이형접합 XaXc와 배수체 수벌인 XaXa 등 두 종류의 수정란을 생산한다. 이러한 교배로부터 생산되는 수정란 배수체 자손의 절반은 암컷이지만, 나머지 절반은 배수체 수벌이

된다. 배수체 수벌은 제거되기 때문에 유충 생존율은 약 50%가 된다(그림 5-3의 우측).

만약 여왕벌이 두 마리의 수벌과 교미를 하는데 그중 한 마리가 같은 성 대립인자를 가졌을 경우(XaXc × Xa, Xb), 이 여왕벌은 XaXa, XaXc, XaXb, XbXc 등의 대립인자 조합을 가진 수정란을 낳게 된다. 수정란의 25%는 배수체 수벌이 되고, 결국 75%만이 이형접합인 일벌로 생존한다(그림 5-3의 중앙).

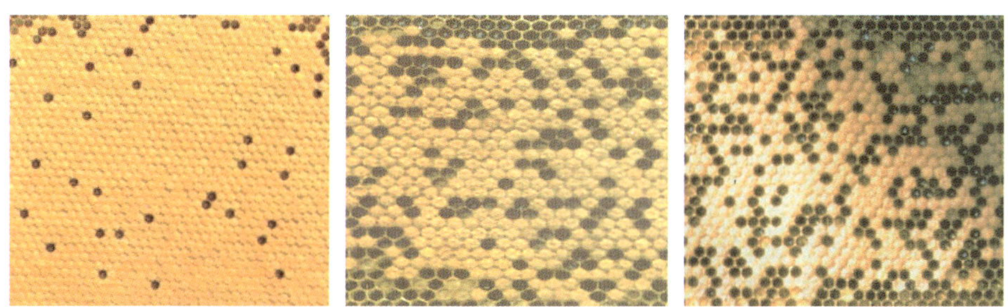

그림 5-3. 근친교배에 의한 산란 후 생존율 감소 결과(왼쪽부터 100%. 75%, 50%)

여러 마리의 수벌과 다중교미를 할 때, 유충의 생존율은 그 집단의 성 대립인자의 수(N)에 의해 결정되는데, 생존율은 S% = 100{(N−1)/N}로 산출할 수 있다. 결과적으로 이러한 성 결정 대립인자가 존재함으로써, 꿀벌의 근친교배가 심해지면 수정란에서 배수체 수벌이 높은 비율로 발생하여, 세력(일벌 수)이 줄어들어 봉군의 생존에 영향을 받는다.

그림 5-4에서 보는 바와 같이 어떤 지역에 단 2개의 성 결정 대립인자가 있을 때는 유충 생존율이 50%, 3개만이 있을 때는 66.7%밖에 되지 않으며, 대립인자의 수가 증가함에 따라 생존율이 점차 증가하다가 10개 이상이 되었을 때 생존율이 90% 이상에 이른다. 따라서 격리된 지역의 양봉장에서 성 결정 대립인자의 수가 제한되었을 때는, 유충의 생존율이 크게 줄어들어 봉군의 생존 또는 세력 유지가 어렵다.

교미한 여왕벌이 일벌을 산란한 봉개 면적을 관찰하여 근친 교배 여부을 판단 할 수 있다(그림 5-4). 5cm² 내 100개 봉개 벌방 중 배수체 수벌로 인한 빈 벌방이 평균 15개 이상 관찰된다면, 일벌 유충의 생존율이 85% 이하가 되어 일정 수준의 근친교배가 일어난 것으로 판정할 수 있다.

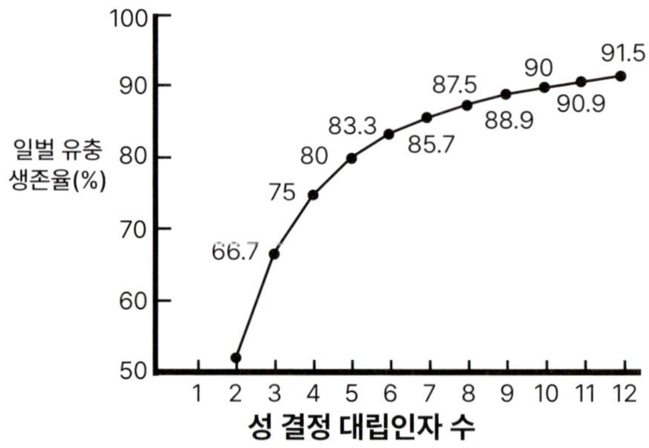

그림 5-4. 꿀벌의 성 결정 대립인자 수와 유충 생존율과의 관계(Woyke & Lee, 2003)

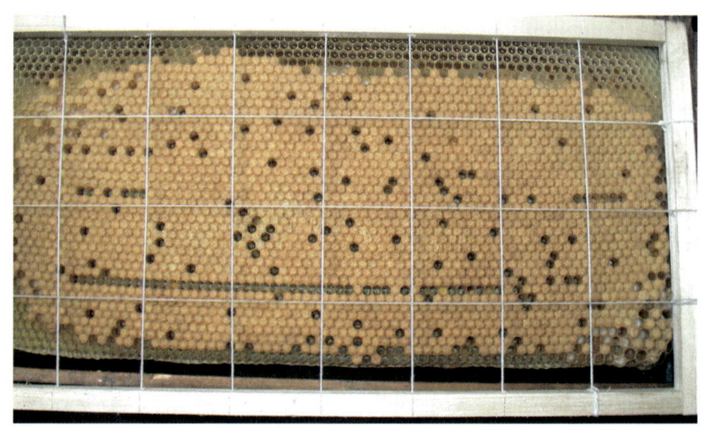

그림 5-5. 근친교배 여부를 측정하는 격자 관찰

2. 다중교미와 소가족 형성

꿀벌의 여왕벌은 다수의 수벌과 교미함으로써, 봉군 내 일벌 구성원은 부계가 다른 여러 소가족 관계를 형성한다. 이는 환경 적응을 위한 유전자의 다양성을 확보하는 데 중요한 역할을 담당한다. 여왕벌이 다수 수벌과 여러 번에 걸쳐 교미하는 것은 선발 육종의 진행 과정에서도 선발 효과의 중요한 변수가 된다.

여왕벌의 다중교미

여왕벌은 6~17마리, 평균 12마리의 수벌과 1~4회에 걸쳐 교미하는데, 보통 처녀 여왕벌이 출생 후 5~13일 사이에 이루어진다. 여왕벌은 단 한 번의 교미 비행을 하기도 하지만, 환경 여건에 따라서는 며칠에 걸쳐 2~4회에 이루어지기도 한다.

여왕벌의 공중 교미는 교미 장소에 수벌들이 미리 무리를 지어서 모여 있는 곳(수벌 운집 구역)으로 여왕벌이 날아오면서 이루어진다. 여러 관찰 결과에 따르면, 매년 동일한 장소에 수벌이 모여들고, 여기서 처녀 여왕벌의 교미가 이루어진다. 수많은 수벌이 모여있는 곳에 여왕벌이 날아오면, 제일 먼저 처녀 여왕벌에게 접근한 수벌이 5초 이내에 짝짓기한다. 특정 수벌과 1차 교미를 하고 나면 교미한 수벌의 생식기 끝의 일부가 이탈하여 여왕벌의 생식기에 남게 되고, 교미를 마친 수벌은 곧 땅으로 떨어져 죽는다. 그 다음 수벌이 2차 교미를 할 때는 첫 교미 시에 여왕벌 꽁무니에 남아 있던 이전 수벌의 생식기가, 다음 교미하는 수벌의 생식기 중앙의 뿔과 털의 돌기 구조에 의해 제거되면서 짝짓기가 이루어진다(그림 5-6).

여왕벌의 교미 비행 시에 여러 수벌과 순차적으로 여러 번 교미하고, 벌통으로 돌아올 때는 마지막으로 교미한 수벌의 생식기 일부를 꽁무니에 달고 온다. 이 교미 흔적Mating sign 부위는 일벌들이 벌통 안에서 안전하게 제거한다.

수벌은 교미를 통해 200만 개 이상의 정자를 여왕벌 수란관에 사정하는데, 교미 후 정액은 40시간 이내에 여왕벌의 저정낭貯精囊, Spermatheca으로 이동한다. 각 수벌이 주입한 정자 중 600만~1,000만 개는 저정낭에서 섞여서 저장되어 여왕벌의 전 생애의 산란 기간에 수정을 위해 사용된다.

여왕벌이 공중에서 다중 교미Multiple mating하는 것은, 근친교배의 확률을 줄이고 여러 수벌을 통해 유전적인 다양성을 높임으로써, 자손 세대의 환경 적응력을 높이는 진화 방식으로 그 의미를 해석할 수 있다.

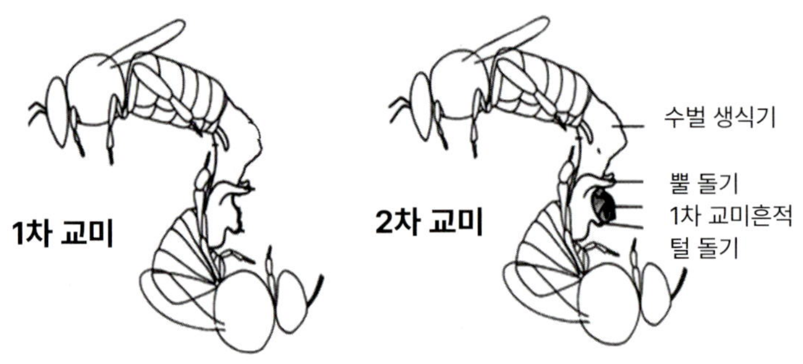

그림 5-6. 여왕벌과 수벌의 1차 교미와 2차 교미 모습

봉군의 소가족 구성

위에 설명한 다중 교미에 의해 봉군은 여러 소가족subfamily으로 구성된다(그림 5-7). 즉, 여러 수벌과 교미한 어미 여왕벌의 딸들은 자신이 유래된 부계 혈통에 의해 소가족으로 구분된다. 그림 5-7에서 w_1, w_2로 표시된 일벌(○)의 아비 수벌은 x로써, 아비 y를 갖는 w_3와 아비 z를 갖는 w_4와는 서로 다른 소가족을 구성한다.

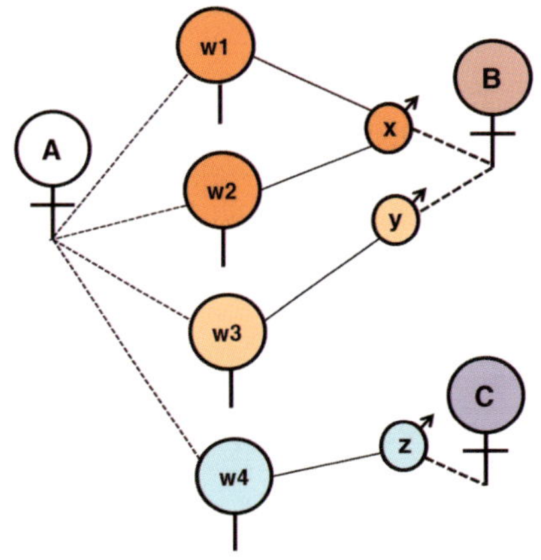

그림 5-7. 여왕벌의 다중교미에 의한 소가족 구성과 일벌 간 혈연관계
(큰 원: 배수체, 작은 원: 반수체, 실선: 정자 제공, 점선: 알 제공)

한 여왕벌에서 탄생하는 일벌 간의 자매 관계도 '초자매'super sister, '완자매'

full sister, '반자매'half sister의 관계가 형성된다. w_1과 w_2의 관계처럼 한 여왕벌과 한 마리의 같은 수벌을 양친으로 갖는 일벌들은 '초자매'로 불리고, 그들은 확률적으로 75%의 유전인자를 공유한다. '완자매'인 w_1, w_2와 w_3은 50%를 공유하고, 그들은 다른 소가족 일벌인 w_4와는 각각 B와 C 여왕벌에서 유래한 다른 수벌을 아비로 갖고 있어, '반자매' 관계에 있으며 서로 유전자의 25%를 공유한다.

3. 꿀벌의 발육

그림 5-8. 꿀벌의 발육 단계

꿀벌은 완전변태류 곤충으로, 알-애벌레(유충)-번데기-성충 순으로 발육한다(그림 5-8). 여왕벌은 알을 벌방 밑면에 수직으로 세워 낳는다. 알은 벌통 내 벌집의 육아권에 집중하여 산란한다. 육아권은 온도는 $35^{\circ}C$ 내외로 일정하게 유지된다. 따라서 꿀벌에서 발육 기간의 편차는 다른 곤충에 비해 매우 적다. 알 부화 기간은 평균 3일이다. 여왕벌 애벌레 기간은 5.5일로 일벌 6일, 수벌 6.5일에 비해 짧은데, 먹이인 로열젤리가 발육을 촉진한다.

애벌레는 5회의 탈피를 하고, 마지막 5령에 이르면 일벌들이 밀랍으로 벌방을 덮는 봉개封蓋, Capping 작업을 한다. 그 속에서 5령 유충은 탈피하여, 미세섬유(고치)를 분비하고 번데기 발육에 들어간다. 번데기 발육 기간 역시 여왕벌은

7.5일인 데 비해, 일벌은 12일, 수벌은 14.5일이다. 알에서 성충이 될 때까지 총 발육 기간은 여왕벌 16일, 일벌 21일, 수벌 24일이며, 봉개 후 기간은 각 8, 12, 14일이 소요된다(그림 5-9). 발육 기간의 차이는 몸집의 크기, 먹이의 양과 질, 발육 중 온습도 등 환경 조건에 의해 나타난다. 발육은 내분비 호르몬의 조절을 받는데, 탈피 직전에 탈피호르몬 함량이 많이 증가하고, 탈피 후에는 유충호르몬 함량이 증가하는 것을 볼 수 있다(그림 5-10).

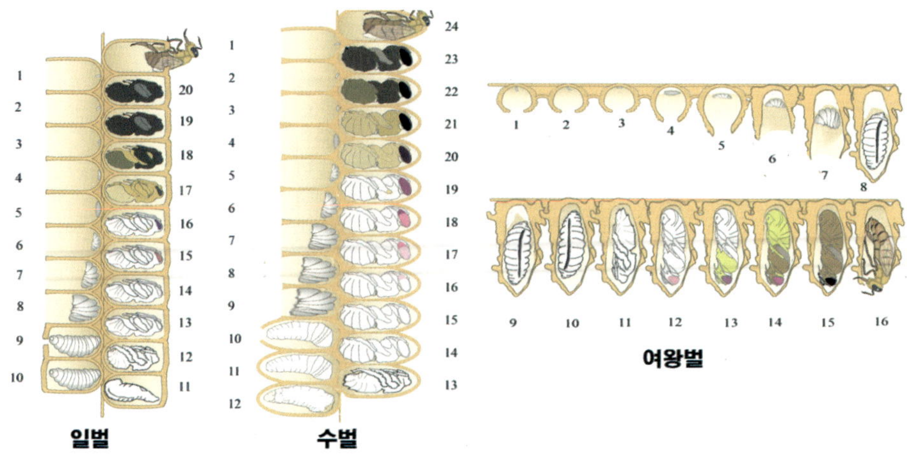

그림 5-9. 서양꿀벌의 일벌, 수벌, 여왕벌의 발육 과정(알, 애벌레, 번데기)과 발육 일수
(John Carr, 2012, Illustration: E. Leggett / Permission)

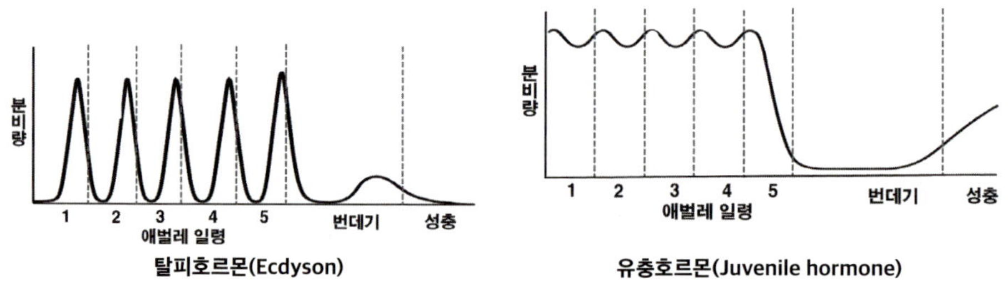

그림 5-10. 꿀벌 발육 과정에서의 호르몬 분비량 변화

일벌, 여왕벌, 수벌은 알, 유충, 번데기로 발육하는 기간에 평균 생존율에 차이가 나타나는 것으로 알려져 있다. 일반적으로 서양꿀벌 유럽 계통 일벌은 알로

부터 유충, 번데기를 거쳐 최종 성충으로 나올 때까지 약 90%의 생존율, 여왕벌은 약 60%, 수벌은 50% 내외의 생존율을 나타낸다(그림 5-11).

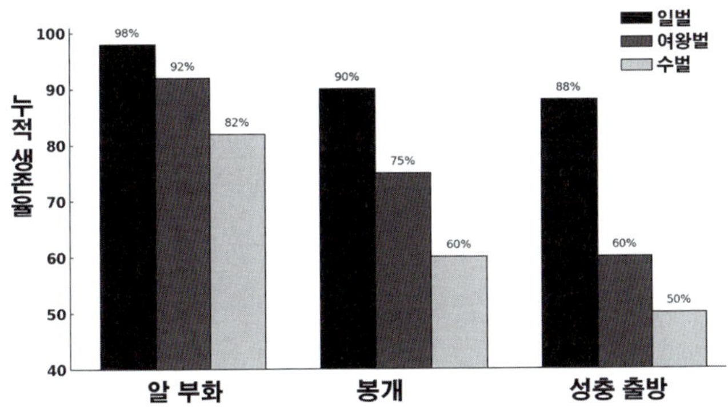

그림 5-11. 일벌, 여왕벌, 수벌의 발육 기간 중 평균 누적 생존율

4. 봉군의 번식

봄철 유밀기에는 일벌 개체수가 늘어나고, 산란과 식량 저장에 필요한 공간이 부족하여 봉군 단위에서 번식이 일어나는데, 이를 분봉分蜂, Swarming이라고 한다.

분봉은 꿀벌 무리의 자연적인 번식 과정으로, 새로운 봉군을 형성하기 위해 기존 봉군을 두 집단으로 분리하는 행동 습성이다. 이는 꿀벌 봉군 단위의 생식 활동으로 해석할 수 있으며, 한 봉군이 공간과 자원의 한계를 극복하기 위해 실행하는 생태적 전략이라고 볼 수 있다.

그림 5-12. 분봉을 위해 조성한 자연 왕대와 분봉 후 나뭇가지에 운집한 분봉군 모습

분봉 시기

꿀벌의 분봉은 주로 다음과 같은 요인에 의해 이루어진다. 첫째는 봉군 내 일벌의 수(봉군 세력)가 과도하게 증가하여 벌통 내 공간이 부족할 때, 둘째는 벌통 내부에 꿀과 꽃가루 식량이 충분히 또는 그 이상으로 저장되었을 때, 셋째는 여왕벌이 늙어서 산란능력이 떨어지거나 페로몬 방출량이 줄어들었을 때 분봉이 일어난다. 그리고 일반적으로 봄과 초여름(3~6월)에 먹이 자원이 풍부하고, 기상 환경이 좋을 때 분봉이 일어난다.

여왕벌은 여왕벌 페로몬을 분비하여 봉군의 결속을 유지하고, 일벌의 생식을 억제한다. 따라서 벌통 속의 과다한 일벌 수와 풍부한 먹이로 인해 상대적으로 봉군 내 여왕벌 페로몬의 농도가 낮아지면, 분봉을 위한 준비 활동이 시작된다. 일벌들이 새 여왕벌을 양육하기 위해 여왕벌 애벌레 방을 조성하는데 이를 왕대Queen cell라 한다(그림 5-12, 좌). 왕대에서 발육한 딸 여왕벌은 기존 여왕벌이 분봉군을 형성해 나가면, 남아 있는 일벌들과 새 여왕벌이 그 봉군을 이어받는다. 분봉 전, 떠나는 일벌들은 꿀을 섭취하여 에너지를 축적하는데, 이는 새로운 둥지를 건설하기 위해 밀랍을 분비하고 정착 후에 생존하는 데 꼭 필요한 행동이다.

분봉 과정

일벌들은 기존 여왕벌을 대체할 새 여왕벌을 키우기 위해 여왕벌 방을 준비하고, 꿀과 꽃가루를 충분히 섭취해 에너지를 비축한다. 새 여왕벌이 왕대에서 출생하기 하루나 이틀 전에, 기존 여왕벌과 일벌의 약 50~70%가 벌통을 떠나서 새로운 둥지를 찾기 위해 이동한다. 분봉 중, 일벌들은 나뭇가지나 지붕 밑 같은 임시 장소에 모여 무리를 형성한다(그림 5-12).

분봉에 참여하는 일벌들은 일반적으로 중간 나이의 일벌(2~3주령)로 벌통 내 작업(예 꿀 숙성, 화분 저장)을 수행할 수 있는 나이이며, 분봉 참여를 위해 분봉 3~5일 전에 집단으로 연습 비행을 하고, 꿀을 섭취해 충분한 에너지를 비축한다. 이들은 새로운 둥지에 정착하는 데 필요한 초기 작업으로, 벌집 건설과 여왕벌 호위를 주로 담당한다.

이들 중 일부는 정찰 벌Scout bees로 새로운 둥지에 적합한 장소를 탐색하는 활동을 한다. 정찰 벌들은 발견한 둥지 후보 위치를 꼬리 춤Waggle dance을 통해 다른 벌들에게 알리고, 일벌 집단의 합의를 통해 최적의 장소를 선택한다.

새로운 둥지 장소가 선택되면, 분봉군은 임시 장소에서 그곳으로 이동하여 벌집을 짓고, 여왕벌은 산란을 시작하고 일벌도 식량 수집을 곧 바로 시작한다.

분봉 후 봉군 형성

본 분봉군Parent swarm은 기존 여왕벌과 일벌 다수가 형성한 봉군으로 새로운 장소에서 밀랍을 분비하여 벌집을 짓고, 식량 수집을 하며 정착한다.

딸 봉군Daughter colony은 분봉하지 않고 벌통에 남아 있는 일벌들로 구성되며, 새로 태어난 새 여왕벌과 함께 기존 벌통에 남는다. 새로 출생한 딸 여왕벌은 6~10일이 지나 성숙하면, 짝짓기와 산란 활동을 시작함으로써 봉군 세력을 재건하고 유지한다.

분봉의 중요성

분봉이 꿀벌 집단과 생태계에 미치는 영향은 다음과 같다. 첫째, 꿀벌 봉군의 생식을 통해 새로운 생식집단인 봉군을 생성하여 꿀벌의 유전적 다양성을 확보한다. 둘째, 꿀벌의 밀원 자원(꿀과 꽃가루) 활용과 꽃가루 수분 역할을 효율적으로 분산시켜 생태계의 균형을 유지하는 데 이바지한다. 셋째, 봉군 내 벌의 과밀화로 인한 스트레스와 질병 감염을 줄임으로써 꿀벌 봉군의 생존율을 높인다.

꿀벌의 분봉은 꿀벌 개체군 증가와 생태적 적응을 위한 고유한 습성으로, 봉군의 생존과 번성의 의미가 있다. 또한 분봉은 꿀벌의 일사불란한 집단행동과 복잡한 의사결정 과정을 통해 이루어지는데, 이는 꿀벌 봉군이 초개체 또는 초유기체Superorganism의 기능을 보여주는 대표적 사례이다.

5. 봉군 세력의 변화

꿀벌 봉군의 세력Colony strength은 일벌의 수에 대한 포괄적 표현으로, 이것은 건강한 여왕벌의 존재, 먹이 자원의 가용성에 의해 결정된다. 양봉가는 봉군 세력을 관찰하여 봉군의 생산성과 질병 저항성 등을 평가한다. 꿀벌 봉군의 세력이 예상치 않게 감소한다면, 여왕벌의 이상이나 농약 중독, 오염 등 환경적 스트레스, 각종 질병과 기생 응애의 피해 등을 유추할 수 있다.

계절별 봉군 세력의 변화

봉군 세력은 계절에 따라 변한다. 북반구 온대지역을 기준으로, 월동 후 2월 초에 여왕벌이 산란을 시작하면 약 1만 마리 정도에서 일벌 개체수가 점차 증가하여, 5월이 되면 4만여 마리에서 최고 정점에 이른다. 이때가 되면 분봉이 일어나 개체수가 절반으로 줄어들고, 다시 여름철에 일벌이 늘어나 7~8월에 정점에 이른다. 이후 가을철 기온이 떨어지면서 일벌의 수가 줄어들어 1~2만 마리 일벌이 월동에 들어간다(그림 5-13).

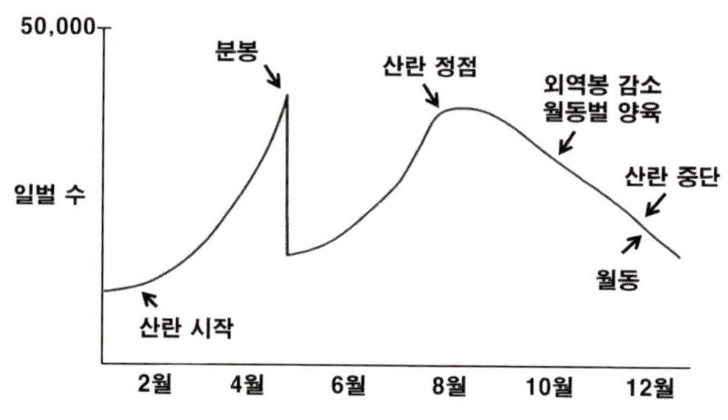

그림 5-13. 월별 꿀벌 봉군의 일벌 개체수 변화

봉군 세력의 변동 요인

계절에 따른 일정한 패턴의 봉군 세력 변화와는 달리 급격하게 일벌 수가 줄어들면서 봉군 세력이 무너지는 경우가 있다. 이는 앞에서 설명한 것과 같이 여왕벌의 이상이나 농약 중독, 환경 오염과 응애 기생, 질병 감염이 주요 원인이며, 이외에 흔히 일어날 수 있는 내부적 요인으로는 다음과 같이 두 가지 유형을 들 수 있다.

1. 단백질 부족

봉군에 필요한 먹이 중 단백질 공급원인 화분이 고갈되면, 여왕벌은 산란을 중지하고 어린 유충은 발육할 수 없어 일벌이 제거한다. 아울러, 일벌은 혈림프의 단백질이 감소하여 정상보다 일찍 노쇠하여, 화분 수집량도 줄어든다. 보통 육아 일벌은 외역벌에 단백질이 풍부한 젤리를 공급하여, 면역력과 항산화 능력을 증강함으로써 수명을 유지하도록 돕는다. 그런데 봉군에 화분이 부족하면, 육아 벌은 신체를 구성하는 단백질로 젤리를 공급해야 하는데 이것도 어려워지면, 일벌 모두 수명이 단축하고 각종 질병에 취약해져 급격한 세력 감소로 이어진다.

일벌이 섭취한 화분 종류에 따라 일벌이 생존하는 일수에 차이가 있다(그림 5-14). 이는 수집하는 화분의 종류에 따라 영양성분 특히 단백질 함량(6~28%)에 차이가 있어, 일벌의 생존 일수(수명)에 큰 영향을 미치는 것으로 알려져 있다. 그림 5-14와 같이 단백질 함량이 각각 25%와 20% 이상인 A와 B에 비해, 단백질 함량이 15% 미만인 화분 C, D는 아주 짧은 생존기간을 보여줌으로써, 이 화분만을 섭취하는 봉군은 추가로 대용화분을 공급해야 한다.

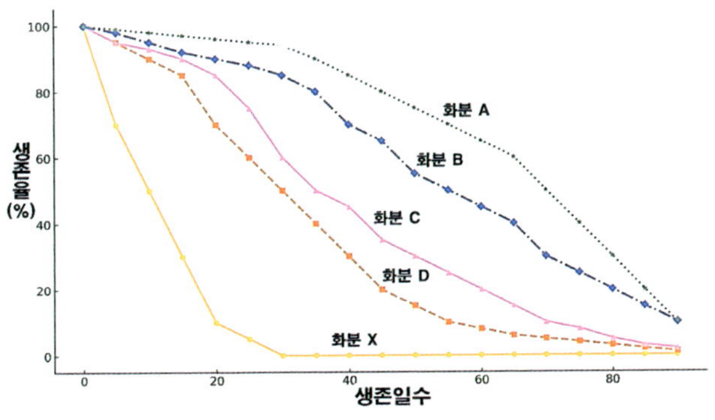

그림 5-14. 섭취한 화분 종류별 일벌의 생존 일수

2. 봉군 온도 저하

꿀벌은 봉군 온도를 평상시 외기 온도보다 높은 온도로 유지하는데, 이를 위해 가슴 근육을 진동하여 열을 발생한다. 유충이 발육하는 육아권은 34.5°C 내외로 높이고, 비행하기 위해서는 체온을 29°C 이상으로 덥힌다. 겨울철에는 서로 뭉쳐서 봉구의 내부를 21°C, 외부를 최소 5°C 이상으로 유지한다. 외기 온도 10°C 이하에서 체온 발생을 위해서는 2배 이상의 근육 운동이 필요하므로, 일벌이 저온에서 외부 활동을 하는 것은 극도의 중노동으로써 일벌이 노쇠화하여 수명을 단축한다.

상대적으로 일벌 수가 적은 봉군은 정상 육아 온도를 유지가 어려워 세력 약화가 가속된다. 그림 5-15은 온도 조건 33°C에서 자란 애벌레는 성충 일벌이 되면 수명이 짧아져서, 단 6일 만에 모두 사망하는 것을 보여준다. 정상 육아 온도인 35°C에서 자란 일벌은 40일 이상 정상 수명을 유지한다(그림 5-15).

한편으로 활동 에너지원인 저장 벌꿀이 부족하면, 육아 온도가 낮아질 뿐 아니라 외부 활동도 침체하여 세력이 급속도로 약해진다.

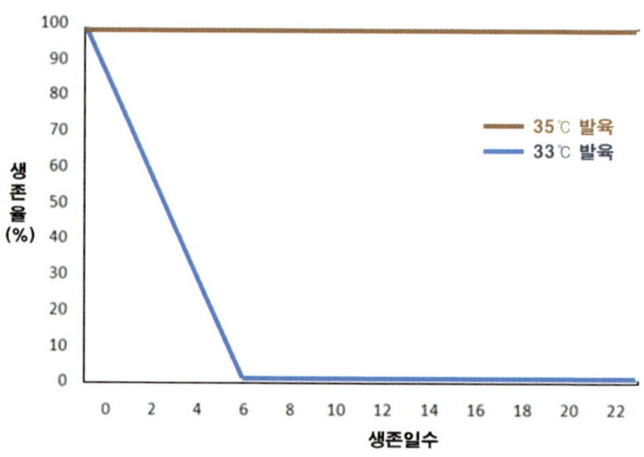

그림 5-15. 유충기에 정상(35℃) 온도와 저온(33℃)에서 자란 일벌의 생존율 비교

제6장

꿀벌 계급과 분업

1. 꿀벌의 계급

꿀벌 봉군은 일종의 모계 사회를 이룬다. 수명이 긴 여왕벌과 이로부터 태어난 수만 마리 일벌(딸)과 번식기에 활동하는 수백 마리 수벌(아들)로 이루어진다(그림 6-1). 봉군 내 꿀벌 전체 개체수의 95% 내외인 일벌들은 어미인 여왕벌이 살아서 활동을 하는 한, 교미와 산란 등 암컷 역할은 하지 않고 여왕벌을 돌보며 애벌레 양육, 벌집 청소, 먹이 수집과 저장 등 봉군을 유지하는 데 필요한 대부분 임무를 수행한다. 번식기에는 약 5% 내외로 수벌이 태어난다.

여왕벌은 배수체와 반수체 단위생식Parthenogenesis을 통해 산란하여 암수를 조절한다. 수정란은 암컷인 여왕벌이나 일벌로 발육하고 미수정란은 수컷인 수벌로 발육한다. 수정란에서 일벌 또는 여왕벌로 발육하는 것은 유충 초기 2~3일간의 먹이에 의해서 결정된다. 이 시기에 먹이 구성 성분의 가장 큰 차이는 육탄당(포도당, 과당)의 농도에서 나타난다. 여왕벌 유충이 먹는 다량의 로열젤리와 일벌이 먹는 소량의 젤리는 각각 35%와 10%의 육탄당을 함유한다. 먹이의 당도가 섭식률, 발육 중 유충호르몬 농도, 발육 생리에 영향을 미친다. 이후에 여왕벌 애벌레는 풍성한 로열젤리를 먹고, 일벌과 수벌은 화분과 꿀이 혼합된 소량의 애벌레 먹이를 먹고 자란다(그림 6-2).

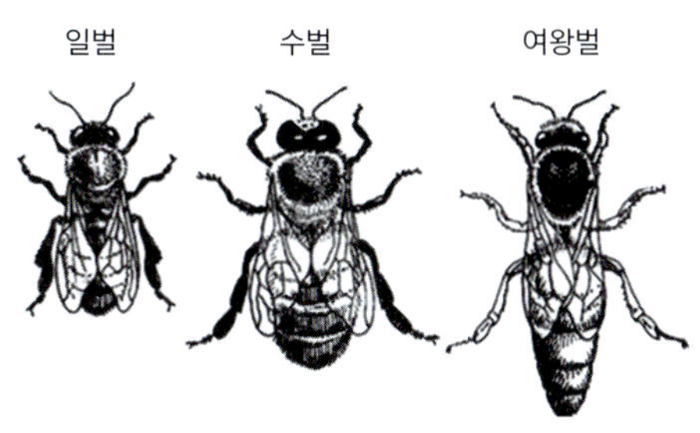

그림 6-1. 꿀벌의 성별과 계급

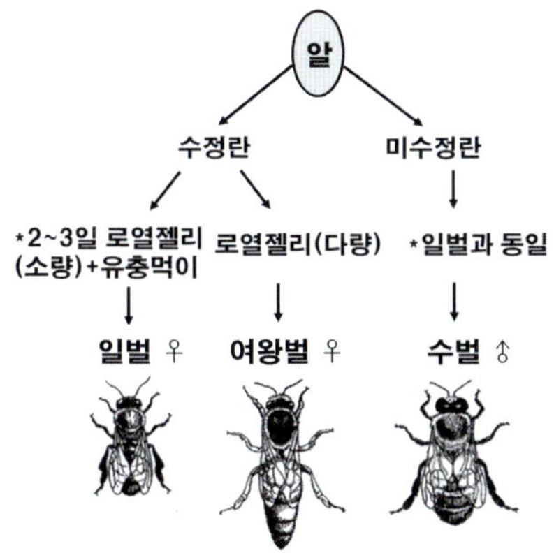

그림 6-2. 꿀벌의 성과 계급의 결정 요인

2. 생식 계급의 분화

암컷인 일벌과 여왕벌 중 여왕벌만이 생식 활동에 직접 관여하고, 약 2~4만 마리의 일벌은 암컷 본연의 생식에 참여하지 않는다. 일벌의 난소는 발육하지 않는다.

만약 봉군에서 여왕벌이 없어진 이후에, 이미 여왕벌이 산란했던 수정란이나 갓난 애벌레로 변성왕대(비상 시 급조한 왕대)를 만들어 새 여왕벌을 키우지 못하면, 일부 일벌의 난소가 발육을 시작한다. 여왕벌을 잃은 후 15일이 지나면 약 5%의 일벌이 난소가 발육하여 알을 낳게 되고, 30일이 지나면 약 50%의 일벌이 산란을 시작한다.

　봉군 내에서 여왕벌의 존재는 여왕벌물질이라 불리는 페로몬(주성분: 9-ODA)에 의해 전파된다. 여왕벌의 큰턱샘에서 분비되는 이 페로몬은 여왕벌의 존재를 알릴 뿐만 아니라, 분봉 시 일벌을 운집하게 하고 교미 비행 시 수벌을 유인하는 역할도 한다. 또한, 일벌은 여왕벌의 턱과 안테나 주위를 핥아 여왕벌 페로몬을 흡수하여, 이를 전체 일벌들과 서로 접촉하며 전파한다. 이 물질에 의해 일벌의 난소가 발육이 억제된다(그림 6-3). 한편, 봉군 내에서 발육하는 애벌레의 냄새도 일벌 생식기의 발육을 제어하는 작용을 한다.

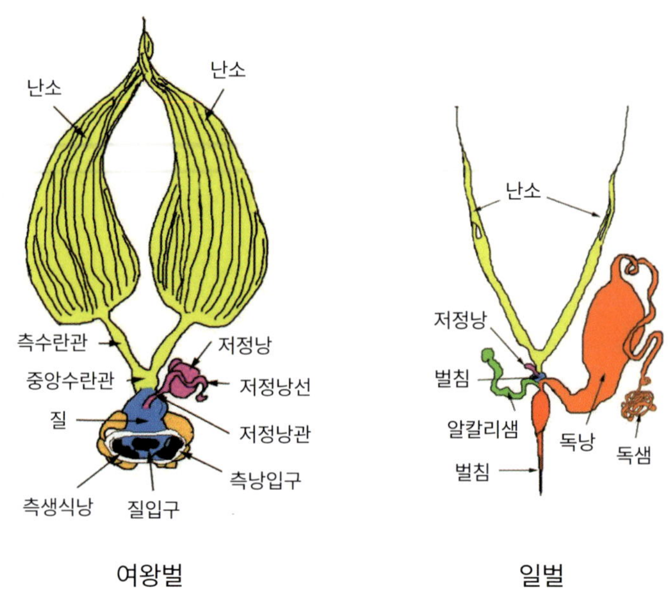

그림 6-3. 여왕벌과 일벌의 난소와 생식기관 비교(John Carr, 2012 / Permission)

　꿀벌 집단에서 일벌의 불임성은 이타주의Altruism와 혈연선택Kin selection으로 설명할 수 있다. 혈연선택은 개체 선택에 반하여 특정 조건에서 이타주의가 유전적 적합도를 더 높일 수 있다는 내용이다. 여왕벌은 이타주의의 수혜자가 되며, 여왕벌의 딸인 일벌들의 이타성 행동은 일벌이 스스로 자손을 생산하는 것보다 어미 여왕벌을 도와주는 것이 더 효율적이라는 점에서 출발한다.

일벌이 스스로 생식 활동을 통해 낳은 알을 양육해야 한다고 가정할 때, 수만 마리가 독립생활을 하는 개체로서 각자 벌집을 짓고 청소하고, 양육하고, 외적을 방어하는 등 모든 일을 할 수 있을 것으로 기대하기 어렵다. 꿀벌 일벌의 집단 환경 유지와 애벌레 양육을 위한 행동은 오랜 기간 진화해 온 결과로, 이타행동을 위한 자원 소모 비용은 그리 많지 않은 반면, 여왕벌이 갖는 자원 이득은 매우 클 것으로 해석된다. 따라서 꿀벌 사회에서 일벌들은 이타적 행동을 통해서, 즉 여왕벌이 대신 산란하게 하고, 자신들은 여왕벌과 알을 돌보며 집단을 유지함으로써, 자신이 속한 혈연집단의 유전자를 후대에 승계하는 가장 성공적인 모델이 된 것이다.

3. 일벌의 노동 분업

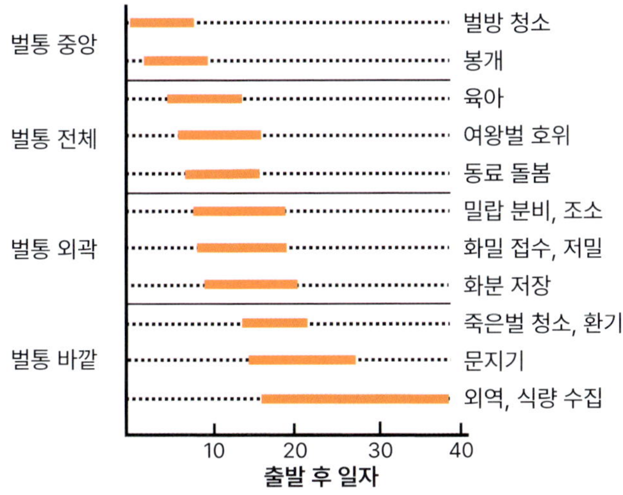

그림 6-4. 일벌의 일령에 따른 분업 과정

일벌은 태어난 후 일령日齡에 따라 노동 활동을 분업화Age polyethism한다. 일벌은 나이에 따라 특정 작업을 수행하는데, 각각의 일벌 개체는 한 가지 작업에만 특화되기보다는, 생애 전반에 걸쳐 비교적 예측이 가능한 순서에 의해 봉군 내에서 다양한 작업을 수행한다(그림 6-4). 일벌들은 크게 서식공간 안에서 봉군 내부의 일을 담당하는 내역벌Nurse bee과 봉군 외부 활동을 하는 외역벌Forager bee로 구분한다.

출방 초기의 어린 일벌은 봉군 내 벌집의 중앙부에서 활동하는데, 이곳은 육아권으로 애벌레가 발육한다. 주요 작업은 애벌레 벌방을 청소하고, 애벌레를 돌보며, 번데기가 될 때 벌방의 뚜껑을 덮어주는 봉개蜂蓋, Capping 작업을 한다. 출방 후 5일쯤 지나면 일벌의 하인두샘과 큰턱샘이 발달하여 애벌레를 먹이고 양육한다. 특히 로열젤리를 생산하여 애벌레들과 여왕벌을 먹이고, 어왕벌을 호위하면서 여왕벌 페로몬을 전파한다.

이후에는 보름 정도까지 벌통 전체 공간에서 동료의 몸을 닦아주고 환기를 하며, 밀랍샘에서 분비하는 밀랍으로 벌집 짓기(조소 작업)에 종사한다. 이 시기가 지나면, 벌 무리의 외곽에서 외역봉이 수집해 온 꽃꿀과 화분을 받아 벌집에 저장하고 숙성하는 일을 주로 맡는다.

20일 전후로 나이 든 일벌들은 벌통 외부에서 활동하며 환풍 작업을 하거나, 문에서 벌통을 지키거나 죽은 벌을 멀리 제거하는 활동을 한 후, 비행 연습을 마치고 꿀과 꽃가루 수집하는 외역 활동을 본격적으로 수행한다.

이러한 일령에 따른 노동의 분화는 유충호르몬Juvenile Hormone, JH에 의해 조절되는 것으로 알려져 있다. 일벌의 생애 동안 유충호르몬의 농도는 계속 변하는데, 이러한 변화가 특정 내외 분비샘을 활성화하거나 억제한다. 결과적으로, 일벌의 생리 상태는 담당하는 특정 분업에 적합하도록 변화하는 것이다. 예를 들어, 애벌레를 돌보는 어린 일벌들은 고도로 활성화된 하인두샘을 가지고 있어, 애벌레 먹이를 생산할 수 있다. 반면, 벌집을 짓는 시기가 된 일벌들은 하인두샘이 퇴화하지만, 밀랍을 생산하기 위한 밀랍샘이 가장 발달한다.

이러한 생리와 생태적 시스템에는 상당한 유연성이 있어서, 모든 벌이 고정된 순서로 작업을 진행하는 것은 아니다. 예를 들어 살충제에 의해 많은 외역벌이 죽은 경우, 어린 벌들이 빠르게 먹이 수집 작업에 투입되어 외역벌의 손실을 보충한다. 반대로, 유충 질병으로 인해 어린 벌의 수가 크게 줄어든 경우, 일부 나이

든 벌들이 내역벌로 다시 돌아와 육아 등 어린 벌의 작업을 맡는다.

4. 수벌의 생태

수벌은 먹이 수집 활동을 전혀 하지 않고, 봉군을 유지하거나 방어하는 활동에도 참여하지 않는다. 오직 처녀 여왕벌이 교미 비행을 할 때, 여왕벌과 짝짓기하는 것이 유일한 역할이다. 처녀 여왕벌은 6~17마리, 평균 12마리의 수벌과 교미한다. 수벌은 한번 교미하고 나면 생식기가 이탈하여 죽는다. 수벌은 꿀벌의 생식에 반드시 필요하며, 유전과 육종에 있어서 교미 효율, 유전인자의 발현, 집단 형질 선발과 교배에 관한 중요한 역할을 하는 계급이다.

수벌의 발육

수벌은 여왕이 수벌방에 산란한 미수정란에서 발육하거나, 여왕벌이 한동안 없는 상태에서 산란성 일벌이 산란하였을 때 무정란에서 탄생한다. 또한, 성 대립인자Sex alleles가 동형접합인 배수체 알에서 배수체 수벌Diploid male이 태어날 수 있으나, 이 배수체 알은 부화 후 일벌에 의해 제거된다.

수벌의 발육 기간은 약 24일이며, 벌집 가장자리에 산란한 알은 하루 정도 발육 기간이 길다. 봉군 내 수벌의 수는 내외부 환경 조건에 따라 조절된다. 여왕벌의 나이나 산란력도 영향을 주고, 봉군 내에 일벌과 여왕벌 애벌레의 밀도도 수벌 생산에 영향을 준다. 수벌 방이 많은 벌집을 제공하면 수벌 산란이 많아질 수 있지만, 자체 조절이 이루어진다.

일반적으로 수벌 알의 부화 실패와 일벌에 의한 일부 애벌레 제거로 50~60%만이 성충으로 자란다. 수벌 방은 주로 벌집의 가장자리에 분포하여 봄철 추위에 매우 민감하다. 봉군 내의 수벌의 수는 대략 일벌의 수와 비례하는데, 일벌의 4~5%로 추정하기도 하지만 변동 요인이 많다. 봉군 내부에서 발육한 수벌 이외에 다른 봉군에서도 유입된다. 외부에서 다수의 수벌이 유입되어도 쉽게 받아들이는 경향이 있다. 특히 여왕벌이 없는 봉군에는 유입 수벌 수가 많다.

봉군 내 저장 먹이가 부족하거나 가을철 기온이 떨어지면, 일벌은 벌통에서 매일 수벌 수십 마리를 며칠에 걸쳐 추방한다.

수명과 활동

수벌의 평균 수명은 환경에 따라 차이가 크지만, 20~40일 정도로 일벌에 비해 짧다. 대개 여름철에 수명이 짧고 봄과 가을에 길며, 교미 비행이 시작되면 생존율이 떨어진다. 수벌은 먹이 수집 활동을 하지 않기 때문에 비행 후 돌아올 때는 위가 비어 있다. 수벌 성충이 되어 3일 이전까지의 어린 수벌은 일벌이 먹이를 먹여주지만, 일주일 정도 지나면 수벌이 스스로 저장 꿀과 꽃가루를 찾아 먹는다.

출방 후 점차 비행 근육이 발달하고 성적으로 성숙한다. 알라타체를 통해 유충호르몬 함량도 계속 증가하여 최고조를 이룬 후 서서히 감소하기 시작한다. 반면, 성충 우화 시기에 높아졌던 탈피호르몬은 낮은 수준으로 떨어져 유지된다. 수벌 성충은 봉군 내에서 온도가 35°C인 육아권을 선호하나, 나이가 들면 벌집 외곽이나 빈 벌집에 머무는 경향이 있다.

비행 활동

수벌의 비행 활동은 교미를 위해 매우 중요하다. 수벌이 비행하는 유형에는 어린 수벌의 연습비행과 성숙한 수벌의 교미비행, 그리고 배설을 위한 배설비행이 있다. 연습비행은 5분 이내에서 이루어지고, 교미비행은 보통 20~30분 이상 걸린다.

수벌은 하루 2~4회 정도 교미비행을 하며, 최고 17회까지 비행한 기록도 있다. 보통 첫 비행 활동은 우화 후 7~10일에 시작한다. 수벌의 비행은 정오 무렵 시작하여 오후 2~4시경에 가장 활발하다. 비행은 주로 기온이 18~20°C 이상, 풍속이 25km/h(7m/sec) 이하인 기상 조건에서 이루어진다. 풍속 18km/h(5m/sec) 이상에서는 여왕벌과의 교미가 방해를 받는다.

여왕벌 인식 및 유인

수벌은 바람을 거슬러 비행하면서 여왕벌이 분비하는 페로몬을 인식하여 여왕벌을 찾는다. 수벌은 여왕벌물질을 60m 떨어진 거리에서도 탐지하고 이끌려 여왕벌 근처로 이동하는데, 실제로 여왕벌을 시각으로 인지하는 것은 1m 이내에 근접하였을 때다. 수벌의 비행 높이는 풍속, 수벌의 성적 성숙도 등에 따라 차이가 있으나, 약 10~40m 높이이며, 바람이 심하면 낮아진다. 바람이 세찬 날에는 지상 1~2m에서 비행한다.

여왕벌물질은 큰턱샘에서 분비하며, 수벌을 유인하는 주성분은 9-ODA(9-oxo-trans- 2-decenoic acid)와 9-HDA(9-hydroxy-decenoic acid)인데, 9-ODA가 유인력이 더 높다. 처녀 여왕벌이 출방 후 5~7일이 되면, 페로몬 분비가 왕성해지면서 수벌을 충분히 유인할 수 있다. 서양꿀벌과 다른 종, 예를 들면 동양꿀벌*A. cerana*이나 인도 야생꿀벌*A. dorsota, A. florea*도 성페로몬으로 9-ODA를 분비한다. 꿀벌 종 간에는 교미 비행을 하는 장소와 시간대가 다른 것으로 알려져 있다.

교미 장소

벌통을 떠난 수벌은 수벌 운집 구역Drone congregation area, DCA에 모여서 여왕벌

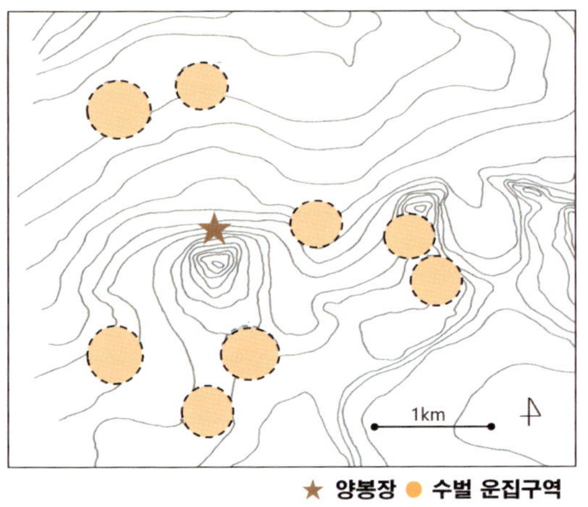

그림 6-5. 특정 양봉장과 인근 수벌 운집 구역의 분포 사례

을 기다린다. 이 장소는 매년 변동하지 않는 경향이 있어 수벌들이 계속해서 이 장소를 찾게 된다. 벌통 주위에 수벌 운집 구역이 많이 분포할 경우, 여러 곳에서 교미가 이루어진다. 수벌이 집합하는 장소는 평지보다는 구릉지에 더 많으며(그림 6-5), 수벌은 이 집합소를 10~15분 정도 배회하다가 교미 기회가 없으면 벌통으로 다시 돌아온다.

아직 수벌과 여왕벌이 어떻게 이 운집 구역을 선택하는지는 명확하지 않지만, 큰 나무로 둘러싸인 공터 등 공기 흐름이 적거나, 지대가 낮아서 여왕벌 페로몬이 오래 머무를 수 있는 지역을 교미 장소로 선택하는 것으로 추정한다.

5. 초유기체 Superorganism

초유기체(또는 초개체, Superorganism)란, 꿀벌을 포함한 진사회성 생물Eusocial organism이 이루는 집단 전체가 하나의 생명 개체처럼 기능하고 있다는 개념이다.

꿀벌 봉군을 초유기체로 간주한다면, 봉군 내 각 꿀벌 개체는 고등동물의 몸속 세포나 조직에 비유할 수 있다. 즉, 봉군을 이루는 모든 꿀벌 개체는 서로 협력하여 활동함으로써, 체온 조절과 호흡, 생식 등의 생체 활동을 담당하여, 전체 봉군이 하나의 생명체처럼 움직이며 생존할 수 있는 것이다. 이는 포유류의 몸을 이루는 세포들이 협력하여 하나의 기능적인 생명체를 유지하는 방식과 유사하다는 이론이다.

체온 조절

꿀벌은 봉군 내 애벌레 육아권 지역을 약 34°C 내외로 유지한다. 주변 온도가 이 이상 온도로 올라가면, 일벌들은 벌집에 물을 내뿜고 날개바람으로 벌통 내부를 냉각시킨다. 반대로 온도가 34°C 이하로 떨어지면, 일벌들은 애벌레 주변에 모여, 날개 근육을 진동하여 열을 발생한다(12장 그림 12-3, 12-4 참조). 따라서 개별적으로 꿀벌은 변온(냉혈, Cold-blooded)동물이지만, 봉군 전체를 하나의 생명체로

본다면 봉군은 항온(온혈, Warm-blooded)동물처럼 활동한다. 이는 벌통 내부 온도를 외부 환경의 온도 변동과 관계없이 일정하게 유지한다는 점에서 항온동물과 유사하다.

호흡

꿀벌은 보통 나무 속 공간空洞과 같은 밀폐된 곳에 집을 짓는다. 이러한 밀폐된 공간은 공기가 자연적으로 통풍되기가 어렵다. 따라서 일벌은 벌통 입구를 통해 공기를 집어넣고, 배출하는 환풍 작업을 수행하여 능동적으로 공기를 순환시키는, 일종의 호흡 활동을 한다. 꿀벌 봉군이 1분 동안 호흡하는 공기의 양(8~10L)은 고양이 한 마리의 호흡 공기량(8~12L)과 비슷한 것으로 알려졌다.

생식

여왕벌이 수천 개의 알을 낳는 현상을 초유기체의 생식과 비교할 수는 없다. 하지만, 초개체인 꿀벌 봉군이 새로운 꿀벌 봉군을 만들어 냄으로써 생식 또는 번식이 가능한데, 실제 이 과정은 분봉을 통해 이루어진다.

분봉은 일벌 수가 많아진 봉군에서 새 여왕벌이 새로 탄생하면서 시작된다. 기존 여왕벌과 일벌의 약 50~70%가 벌통을 떠나 새로운 둥지를 찾는다. 이 과정에서 원통에 남아 있는 딸 봉군과 새로운 둥지로 떠난 어미 봉군이 형성되어 초유기체의 번식이 이루어진 것으로 볼 수 있다.

이처럼 꿀벌 봉군은 생존과 번식을 위해 개체 간 긴밀한 협력과 상호작용을 기반으로 하는 초유기체로 정의할 수 있는 것이다.

제7장
꿀벌의 행동과 춤

1. 온도 조절

꿀벌이 봉군 내부의 온도 등 환경을 일정하게 유지하는 것은, 집단의 유지와 후대 양육에 매우 중요하다. 일벌은 외부의 온도 환경을 감지하고, 이에 따라 적절한 발열이나 냉방을 위해 조직적인 행동이 필요하다.

분봉한 꿀벌들이 새로운 벌집을 찾아 들어갈 때는, 온도 조절에 적합한 구조인가를 확인한다. 나무 둥치 등의 공간을 찾아 들어가는데, 적당한 내부 용적도 중요하지만 입구도 적당한 크기여야 한다. 큰 입구는 프로폴리스를 이용하여 직접 줄이기도 한다. 또한 여러 겹의 벌집을 겹쳐서 지음으로써 중앙 부위에 애벌레를 키울 자리를 만드는 것도 효율적인 열 관리의 일환이라고 볼 수 있다.

열대 지역의 야생 꿀벌의 경우, 보온보다는 열 방출이 더 중요하기 때문에 이들은 보통 한 겹의 벌집을 노출된 곳에 짓는 습성이 있다. 추운 지방에서의 겨울철 온도 조절은 더 치밀하고 조직적이다. 월동 일벌들은 저장해 놓은 벌꿀을 섭취하고 가슴 근육을 진동하여 체온을 높이며, 서로 겹겹이 뭉쳐서 중심 온도를 21°C로 유지하면서 추운 겨울을 지낸다. 보통 외기 온도가 18°C 이하가 되면 봉구蜂球가 형성되기 시작한다. 14°C 이하가 되면 봉구의 외곽은 더욱 단단해지고 온도가 내려갈수록 봉구의 크기는 점점 더 작아진다(그림 7-1).

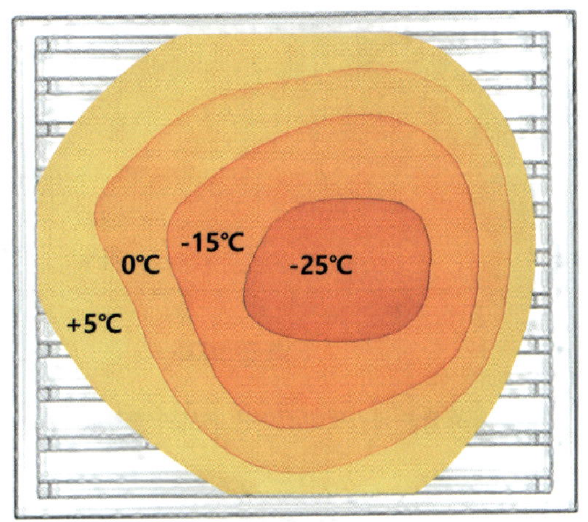

그림 7-1. 겨울철 외부 온도에 따른 봉구 크기의 변화

이른 봄에 산란과 애벌레 양육이 시작되면 육아권 온도는 애벌레 생육에 적당한 34~35°C를 유지하게 된다. 여름철에도 평균 35°C에 가능한 편차를 0.5°C 내로 유지한다(그림 7-2). 꿀벌 종류에 따라 평균 육아 온도가 다른데, 서양꿀벌은 34.5°C, 동양꿀벌은 35.2°C, 열대성인 인도큰꿀벌과 인도작은꿀벌은 각각 33.2°C와 32.8°C로, 서식하는 지리적 기후 환경에 따라 차이를 나타낸다.

봉군 내부 온도를 높이는 작업은 일벌이 가슴 근육의 수축과 이완을 통해 발산하는 발열 활동으로 이루어진다. 이 발열 활동을 하지 않으면 일벌의 체온은 외부 기온으로 낮아진다. 가슴 근육을 진동할 때도 비행할 때와 비슷한 양의 에너지 대사가 일어난다. 따라서 봉군에 충분한 꿀(탄수화물)이 저장되어 있으면, 봉구 형성과 가슴 근육 수축을 통해 필요한 열을 만들어 낼 수 있다. 벌통 내부의 지나친 고온은 애벌레의 이상 발육과 사망률 증가를 유발한다. 고온에서는 일벌 개체 간 간격 증가, 일벌의 선풍 작업, 물을 이용한 냉각 효과로 견디지만, 조절이 어려울 때는 일벌이 봉군 밖으로 대피하는 행동을 보인다.

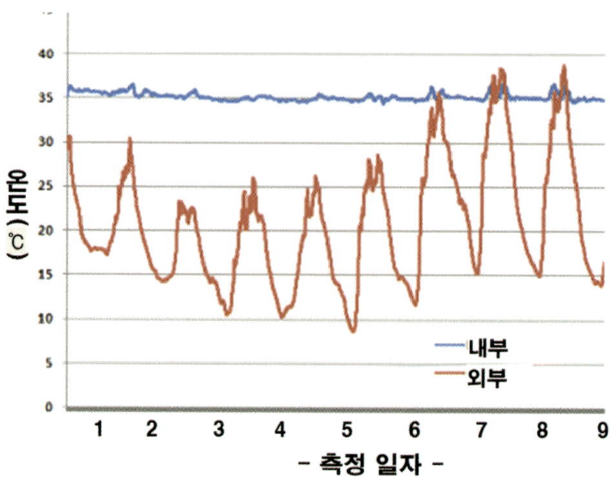

그림 7-2. 여름철에 측정한 파란색의 육아권 온도와 빨간색의 외부 기온 변화

2. 방어 행동

꿀벌은 봉군을 형성하여 정착 생활을 하며, 벌집 안에 애벌레들이 서식하고 영양이 풍부한 꿀, 화분이 저장되어 있어, 외부 포식 동물의 습격 대상이 된다. 또한 벌통 안의 따뜻한 온도와 높은 습도는 곰팡이, 세균의 번식에 유리한 조건을 조성하고 있다. 따라서, 꿀벌은 외부 해적이나 기생충, 질병 등에 대한 방어를 위해 다양한 방어 행동을 보인다.

벌집을 외부 환경으로부터 보호된 안전한 곳에 짓고, 벌통 앞에 문지기벌을 배치한다. 독침으로 외적을 방어하고, 말벌에 일벌이 뭉쳐서 질식시키고, 경보페로몬을 이용하여 집단 방어를 하며, 병든 애벌레를 제거하는 위생 행동 등을 들 수 있다. 이 외에도 꿀의 숙성 과정에서 생겨나는 과산화수소와 식물 수지(프로폴리스)를 벌집에 이용하여 항균·항생 작용을 촉진한다.

정착 장소

분봉 이후에 정찰 일벌은 봉군이 안전하게 정착할 수 있는 장소를 찾는다. 벌집을 짓는 장소는 주로 단면적이 약 60cm² 정도 되는 나무 동공洞空을 선호하고, 구멍은 3m 정도 높이 있는 곳을 선택한다. 이렇게 높은 곳은 척추동물 포식자들이 찾아 접근하기 어렵다. 때로는 단단한 벽틈 또는 입구가 잘 안 보이는 빈 나무통을 찾기도 한다.

문지기벌

일벌 성충이 성장하여 내역內役 활동에서 외역外役 활동으로 전환할 때, 20% 정도의 벌들이 하루 이틀 정도 문지기 역할을 한다. 이들 문지기벌은 출입문 밖에서 앞다리를 들고 더듬이를 앞쪽으로 뻗으며, 날개와 큰턱을 벌린 채로 침입자를 경계한다. 문지기벌은 출입문 앞에서 들어오는 벌을 더듬이로 판별하여, 동료가 아닌 도봉의 경우에는 공격한다. 다리나 날개를 턱으로 물어 넘어뜨리고 몸을 구부려 침을 쏜다. 개미가 침입하면 개미 앞에서 뒤로 돌아 날갯짓으로 날려버리거나 뒷다리로 걷어찬다. 큰 동물은 요란한 날갯소리를 내며 집요하게 달려들어 벌침으로 공격한다.

동료 벌의 식별

밀원이 부족하면 꿀벌이 다른 봉군의 식량을 훔치려는 도봉 현상이 나타난다. 도봉은 대개 출입문 앞에서 지그재그로 왔다 갔다 하는 비행 패턴을 보여, 문지기벌이 이 행동을 통해 도봉을 판별한다. 또한, 수상한 벌이 접근하면 더듬이로 접촉하여 냄새로 외부 벌인지 여부를 감지한다.

　각 봉군의 특이적 냄새는 환경적, 유전적인 영향을 받는다. 특정 꽃을 방문함으로써 그 향기가 봉군 내에서 벌의 외표피층에 흡수되어 봉군에 특이한 냄새로 작용할 수 있다. 또한 봉군마다 유전적인 차이로 인한 특이한 냄새를 분비하여 문지기벌이 자기 동료를 판별할 수 있는 것으로 알려져 있다.

3. 먹이 수집 행동

꿀벌의 먹이 수집은 일벌의 개별적 식량 확보라기 보다는, 봉군의 생존과 번식을 위한 집단행동으로 더 중요하다. 즉, 수많은 일벌이 상황에 따른 봉군의 수요에 맞추어 서로 협동하여 양질의 꽃꿀, 화분을 찾아 수집하는 효율적인 작업에 중점을 둔다.

어떤 일벌이 새로운 밀원을 찾았을 때, 그 일벌은 자신이 직접 수집하기보다는, 밀원 정보를 동료 일벌에게 빨리 알려주기 위해 서둘러 돌아와 춤을 통해 밀원의 위치를 동료들에게 알린다.

꿀벌은 춤으로 먹이의 위치와 양, 질에 대한 정보를 전달한다. 춤은 원무춤Round dance 과 꼬리춤Waggle dance으로 구분되는데, 밀원의 거리가 200m 이하일 때는 원무춤, 200m 이상 떨어져 있을 때는 꼬리춤을 춘다. 원무춤에는 구체적인 밀원의 방향과 거리에 대한 정보가 없다.

오스트리아 출신의 생물학자인 본 프리쉬Karl von Frisch, 1886~1982 박사는 독일 뮌헨 대학에 근무하면서, 꿀이 있는 장소를 알게 된 꿀벌이 자신의 벌통에 돌아와 독특한 방식의 '8'자 모양 '꼬리춤'을 추는 것을 관찰하였다. 그리고 나서, 이 춤으로 꿀이 있는 꽃의 위치, 거리와 방향을 동료들에게 정확하게 전달해서 다른 꿀벌들이 바로 이곳으로 찾아가 꿀을 빨아오는 것을 증명하여, 동물행동학 발전에 이바지한 공로로 1973년에 노벨 생리의학상을 수상하였다.

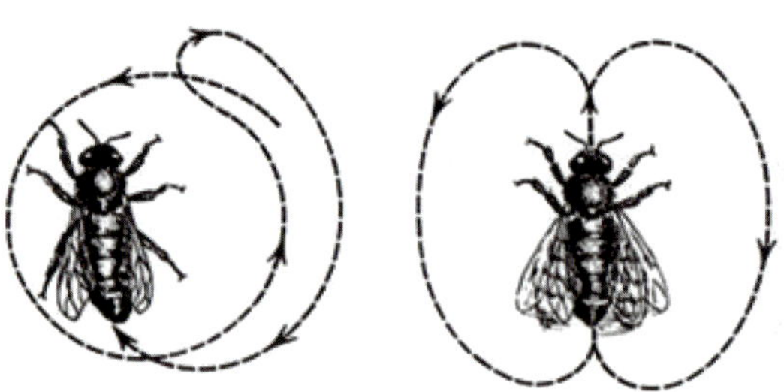

그림 7-3. 꿀벌의 원무춤(좌)과 꼬리춤(우)

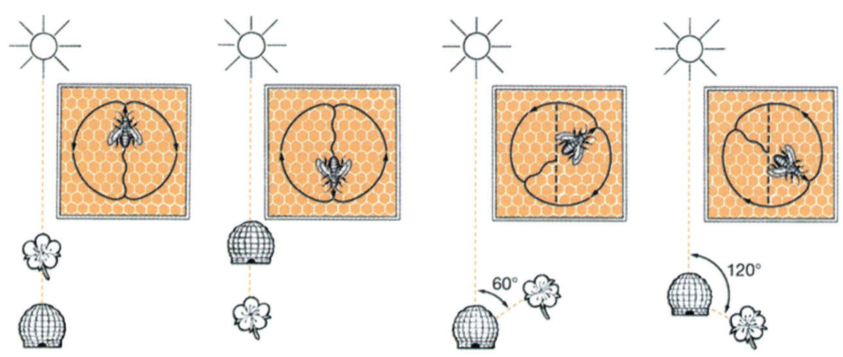

그림 7-4. 벌통을 중심으로 밀원이 태양과 이루는 각도와 꿀벌 꼬리춤의 방향

그림 7-4의 중앙에 있는 벌통을 중심으로, 밀원의 방향에 따라 일벌의 꼬리춤에서 꼬리를 흔들며 걸어가는 각도를 달리한다. 세 번째 그림처럼 밀원이 벌통과 태양과 이루는 직선의 오른쪽 60° 방향에 위치하면 일벌은 중력 방향 수직선의 좌측 60°로 꼬리를 흔들며 걸어 나가 반원을 그린다. 첫 번째 그림처럼 밀원이 태양 방향에 있을 때는 수직선 위로 걸어가고, 밀원이 태양의 반대쪽에 있을 때는 수직선 아래로 달린다.

춤을 추는 과정에서 날개 근육을 진동하여 250Hz 정도의 소리를 낸다. 이 춤을 추는 벌 주변으로 다른 일벌들이 모여들어 춤의 정보를 해독한다. 일벌이 직선으로 움직이는 시간을 통해서 밀원까지의 거리를 추정한다(그림 7-5).

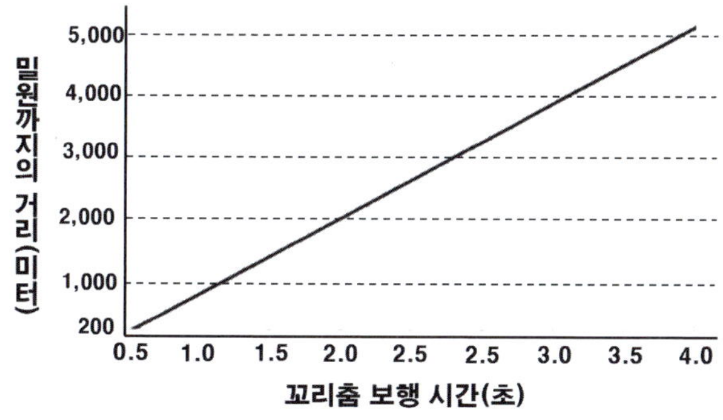

그림 7-5. 꼬리춤의 직선 보행 시간과 밀원 거리의 상관관계

꿀벌 봉군은 주변의 넓은 지역에 산재한 다양한 밀원에서 가장 질 좋고 풍부한 밀원을 선택해야 한다. 이 과정에는 먹이 수집 일벌과 먹이를 저장하는 일벌, 봉군의 먹이 요구도 등에 따라 소수 일벌이 아닌 많은 일벌의 의사결정이 이루어진다.

꽃꿀 수집과 화분 수집의 우선순위는 봉군의 수요에 의해 결정된다. 화분 생산 식물의 개화기 이전에 화분 채취기를 설치한 벌통(A)에서 상대적으로 화분 요구도가 높아짐으로써, 화분을 수집하는 외역벌의 비율이 증가한다(그림 7-6). 또한 시험 봉군에 유충 벌집을 삽입하여 유충의 수를 증가시켰을 때도 역시, 화분 수집 활동이 활발해진다.

육아 일벌들이 유충을 먹일 화분의 추가 수요를 알리기 위해 화분을 저장할 벌방을 미리 청소함으로써, 화분 수집 일벌이 빠르게 수집한 화분을 저장할 수 있어 화분 수집이 촉진된다.

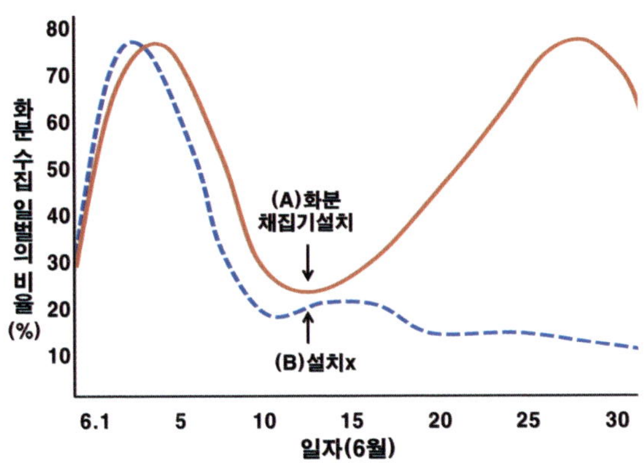

그림 7-6. 화분 채집기 설치 이후 화분 수집 외역벌 비율 변화

제8장

끌벌의 영양

꿀벌에게 필요한 영양분Nutrition은 탄수화물, 지방, 단백질과 무기염류, 비타민이다. 이들은 활동 에너지원으로 쓰이거나 몸을 구성하고, 생리 기능을 조절하는 역할을 한다. 꿀벌의 먹이는 꽃이 분비하는 꽃꿀과 꽃가루, 그리고 물이다.

1. 탄수화물

탄수화물Carbohydrate은 필수적인 에너지 공급 영양소로 탄소, 수소, 산소를 가지고 있는 유기 화합물이다. 개별 벌뿐만 아니라 봉군 전체의 생존과 활동성에 필수적인 에너지원이다. 식물이 광합성을 통하여 공기 중의 이산화탄소와 토양의 물로부터 탄수화물을 만들고, 꿀벌은 꽃꿀 또는 설탕(월동 먹이용)을 통해 당분의 탄수화물을 섭취한다. 꽃꿀의 탄수화물 함유량은 대략 10~70%이며, 자당, 포도당, 과당으로 구성된다. 꿀벌이 선호하는 꽃꿀의 탄수화물 농도는 대략 30~50% 정도이다.

꿀벌은 휴식을 취할 때에도 기초대사를 유지하기 위해 탄수화물을 지속해서 사용한다. 따라서, 꿀벌 성충은 하루 평균 최소 10mg 이상의 당을 섭취해야 한다. 비행 시 꿀벌의 대사율은 매우 높아지고, 포도당은 ATP(아데노신삼인산)로 변환되어 근육 활동에 사용된다. 탄수화물 부족 시 ATP 생성이 줄어들어 비행 능력이 현저히 감소하며, 외부 활동이 어렵다.

일벌 혈액의 평균 당 함량은 2.6%이며, 혈당이 1% 이하에서는 날 수 없고, 0.5% 이하에서는 이동할 수 없다. 비행 중에는 시간당 11.5mg의 당분을 소비하고, 휴식 중에도 0.7mg을 소모한다.

2. 단백질

꿀벌에게 단백질Protein은 탄수화물이나 지방과는 달리 체내 에너지 생산에 직접 쓰이지는 않지만, 꿀벌의 몸 조직을 구성하고 성장과 생식, 효소 생성, 면역 기능, 근육 형성 등에 필수적인 영양소다. 무엇보다 애벌레 발육과 성충 조직 발달과 생존에 필수적이어서, 단백질이 부족하면 유충이 발육할 수 없어 여왕벌이 산란을 중단하고 봉군의 세력이 급격히 감소한다. 꿀벌은 단백질을 대부분 꽃가루에서 섭취하며, 꽃가루를 통해서만 필수 아미노산을 확보할 수 있다. 단백질 함량이 높은 화분은 봉군 세력 강화와 유지에 꼭 필요하다. 일벌은 하루 동안 약 3.4~4.3mg의 화분을 소비하며, 한 봉군은 연간 5.6~22.2kg의 화분이 필요하다.

육아를 담당하는 일벌이 하인두샘에서 분비하는 고단백 물질인 로열젤리王乳는 단백질 함량이 12~15%에 달하며, 로열락틴Royalactin 등 기능성 단백질을 함유하고 있어, 여왕벌 유충의 성장과 여왕벌 난소 발달과 산란 활동에 매우 중요한 영양원이 된다.

애벌레는 성충보다 단백질 요구량이 많아서 충분한 단백질을 섭취해야만 정상적으로 번데기로 성장할 수 있다. 단백질이 부족하면 애벌레의 성장 속도가 느려지고, 성충이 된 후에도 몸과 체력이 약해진다. 일벌은 성충이 된 초기에도 단백질을 충분히 섭취해야 로열젤리를 충분히 생산하고, 이후 비행 능력을 갖춘 외역벌로 전환된다.

단백질은 꿀벌의 생리적 기능을 조절하는 다양한 효소와 호르몬의 주요 구성 성분으로, 꿀벌의 탈피와 번데기 발육 과정에는 특정 단백질이 꼭 필요하다. 또한, 단백질은 면역 시스템을 강화하는 영양소로, 항균 펩타이드Antimicrobial Peptides, AMPs를 생성하는 중요한 성분이다.

3. 지방

지방Lipid은 꿀벌의 생리적 기능에 필수적인 영양분이다. 탄수화물이 주로 에너지원으로 사용되는 반면, 지방은 세포막 형성, 호르몬 합성, 에너지 저장, 면역 기능 등 다양한 역할을 한다.

꿀벌은 지방을 주로 꽃가루에서 얻는데, 꽃가루에는 지질이 10~20%가 포함되어 있으며, 이는 식물의 종류에 따라 차이가 있다. 특히 인지질, 스테롤, 지방산 성분이 포함되어 꿀벌의 생리적 기능에 중요한 역할을 한다. 지방은 지방체Fat body라는 특수 조직에 저장된다. 지방체는 지방뿐 아니라 단백질과 당류도 저장하는데, 특히 애벌레와 월동하는 일벌이 영양분을 저장하는 중요한 기관이다.

지방은 꿀벌의 세포막을 구성하는 주요 성분으로, 세포 기능과 신호전달 과정에서 중요한 역할을 한다. 특히 인지질은 세포막의 유동성을 조절하고, 신경 및 면역 반응을 조절하는 역할을 한다. 또한, 화분에 함유된 스테롤을 이용해 호르몬 합성에 활용하는데, 특히 탈피호르몬Ecdysone을 합성하는 과정에는 스테롤이 꼭 필요하다. 꿀벌은 콜레스테롤을 자체적으로 합성할 수 없어서 반드시 꽃가루에서 섭취해야 한다.

탄수화물이 꿀벌의 단기간에 사용하는 에너지원이라면, 지방은 장기적인 에너지 저장 역할을 한다. 지방체에 저장된 중성지방은 필요할 때 분해되어 에너지원으로 사용한다. 특히 겨울철 월동 기간에는 지방 대사가 활성화되어, 탄수화물과 함께 체온을 유지하는 데 중요하게 활용된다. 한편, 지방은 꿀벌의 면역 시스템을 유지하는 데도 중요한 역할을 하는데, 이는 지방체에서 병원균 감염을 방어하는 항균 펩타이드를 생성하기 때문이다. 따라서 지방이 부족하면, 꿀벌은 세균과 바이러스 감염에 취약할 수 있다.

4. 무기염류

꿀벌에게 필요한 무기염류(미네랄)에는 칼슘(Ca), 인(P), 나트륨(Na), 염소(Cl), 칼륨(K), 마그네슘(Mg), 황(S) 등 다량 무기질과 철(Fe), 요오드(I), 망간(Mn), 구리(Cu), 아연(Zn), 코발트(Co), 셀레늄(Se)과 같은 미량 무기질이 있는데, 이들은 꿀벌의 성장과 삼투압 균형, 신경 전달과 생리 기능, 효소의 작용과 면역력 유지 등 중요한 역할을 한다.

탄수화물, 단백질, 지방이 주요 영양분이지만, 무기염류는 세포 대사와 생화학적 반응을 주로 담당한다. 꿀벌은 무기염류를 꽃가루, 꿀, 물을 통해 섭취한다. 주요 무기염류와 그 기능은 다음과 같다.

1. 칼륨

세포 내 삼투압 조절과 신경 신호 전달, 근육 기능과 비행 능력 유지에 필요하다. 칼륨이 부족하면 근육 경직과 비행 능력이 감소할 수 있다.

2. 칼슘

유충의 성장과 외골격 형성에 필요하고, 신경 자극 전달과 근육 수축을 조절한다. 칼슘이 부족하면 유충 발육이 늦어지고, 성충 꿀벌의 행동에 이상을 초래한다.

3. 나트륨

신경 신호전달과 체액 균형 유지에 필수적이어서, 나트륨이 부족하면 꿀벌의 행동이 둔해지고 신경 기능이 저하된다.

4. 마그네슘

효소 활성과 ATP(아데노신삼인산) 합성에 필요하고 에너지 대사와 근육 기능에 관여한다. 부족하면 에너지 대사가 원활하지 않아 활동성이 감소한다.

5. 철

효소 활성에 중요한 역할을 한다. 부족하면 생리 기능이 저하되고 대사율이 감소한다.

6. 아연

효소 및 단백질 합성에 필요하며, 면역 기능을 강화한다. 여왕벌의 생식능력이 관련된다. 아연이 부족하면 봉군의 면역력이 약해지고 번식률이 감소할 수 있다.

7. 구리

효소 활성 조절, 산화 스트레스 조절과 면역 반응에 관여한다. 부족하면 효소 활성 저하로 인한 대사 장애가 발생할 수 있다.

8. 망간

신경계 발달과 효소 기능에 필요하고 에너지 생산 및 해독 작용에도 관여한다. 망간이 부족하면 꿀벌의 인지 기능과 학습 능력이 저하될 수 있다.

5. 비타민

비타민은 세포의 대사 작용에 필요한 유기 물질로, 스스로 합성하지 못하기 때문에 반드시 외부로부터 섭취하여야 한다. 에너지 대사 과정과 세포의 분열과 성장에 중요한 물질이다. 꽃가루에는 수용성인 비타민 B 복합체와 비타민 C는 풍부하지만, 지용성인 비타민 A, D, E, K는 부족한 편이다.

꿀벌은 비타민을 주로 꽃가루에서 섭취하는데, 벌꿀과 로열젤리에도 일부 포함되어 있다. 꽃가루의 비타민 함량은 식물의 종류에 따라 다르므로, 꿀벌이 다양한 꽃에서 꽃가루를 채집하는 것도 중요하다. 주요 비타민과 기능은 다음과 같다.

1. 비타민 B군

가장 중요한 비타민 그룹으로, 꿀벌의 대사, 성장, 번식, 면역 기능에 필수적이다. 꿀벌은 비타민 B군을 주로 꽃가루, 로열젤리에서 얻는다.

티아민Thiamine은 탄수화물 대사와 신경 기능에 필요하다. 리보플라빈Riboflavin은 세포 대사와 발육, 에너지 생산에 중요하고, 니아신Niacin은 효소 기능과 DNA 복구, 면역 기능에 관여한다. 판토텐산Pantothenic Acid는 호르몬과 생리 기능을 조절하고, 피리독신Pyridoxine은 신경 전달과 단백질 대사에 필요하다. 비오틴Biotin은 지방산과 아미노산 대사에 필요하며, 엽산Folic Acid은 DNA 합성과 여왕벌의 난소 발달에 중요하여, 부족하면 번식률이 감소하고 애벌레의 발육이 부진하다.

2. 비타민 C(아스코르브산, Ascorbic Acid)

강력한 항산화제로, 면역 기능과 스트레스에 대한 내성을 강화한다. 체내에서 효소 활성 조절과 신진대사 기능도 지원한다. 부족하면 질병 저항력이 감소하고 성충 수명이 단축된다.

3. 비타민 A(레티놀, Retinol)

애벌레의 성장과 여왕벌의 번식 기능에 영향을 준다.

4. 비타민 D(칼시페롤, Calciferol)

꿀벌의 칼슘 흡수 조절과 외골격 형성에 영향을 주므로, 비타민 D가 부족하면 애벌레의 성장 속도가 느려질 수 있다.

5. 비타민 E(토코페롤, Tocopherol)

항산화제로 작용하여 세포 손상을 방지하고, 면역 기능을 강화하며 생식 기능에도 중요한 역할을 한다.

6. 꿀벌의 먹이

꽃꿀

일벌은 꽃을 찾아가 꿀샘(밀선)에서 분비하는 꽃꿀(화밀)을 꿀주머니Honey stomach에 모아서 벌통으로 돌아온다. 돌아온 직후 꽃꿀을 내역봉에 넘겨주면, 내역봉이 이를 벌집에 저장하고 꽃꿀이 전화 작용과 농축 과정을 통해 벌꿀로 숙성되면, 일벌이 밀랍으로 밀봉한다.

꽃꿀이 벌꿀로 변화하는 과정을 전화라고 하는데, 일벌의 하인두샘에서 분비하는 전분분해효소Amylase, 전화효소Invertase, 포도당 산화효소Glucose oxidase에 의해 이루어진다. 꽃꿀은 수분 함량이 40~80%이지만, 일벌이 선풍 작업으로 수분 함량 18% 이하의 벌꿀로 농축한다. 꽃꿀은 대부분 당으로 구성되며, 당은 꿀벌의 활동 에너지원이다.

꿀벌이 이용하는 꽃꿀의 탄수화물은 주로 포도당, 과당, 자당이며 엿당Maltose, 덱스트린Dextrin, 아라비노스Arabinose, 자일로스Xylose, 트레할로스Trehalose 등도 사용한다. 만노즈Mannose, 갈락토오스Galactose, 젖당Lactose, 라피노즈Raffinose, 람노스Rhamnose는 소화 독성을 나타내며, 수명을 단축할 수도 있다.

꿀벌이 수집하는 꽃꿀의 당 함량은 밀원식물과 수집 시기, 기상 조건에 따라 20~80%로 차이가 크며, 이 중에서 자당과 포도당, 과당이 95% 이상을 차지한다. 꿀벌의 먹이 성분 중 자당에 대한 선호도는 포도당이나 과당에 비해 두 배에 이른다. 한 봉군이 생존하는데 연간 약 60~80kg의 꿀이 필요한 것으로 알려져 있다.

벌꿀 속에는 비타민 C(Ascorbic acid) 등 수용성 비타민과 유기산이 많이 포함되어 있다. 단백질은 0.2% 이하로 매우 소량이며 꽃가루 또는 효소 등에서 유래한다.

꽃가루(화분)

꽃가루는 식물의 수컷 생식세포로서, 꽃의 수술 끝 꽃밥 속에서 형성된다. 영양학적으로는 풍부한 단백질과 지방질의 공급원이다. 아미노산을 포함한 단백질이 6~28%, 지방산 5%, 스테롤 0.5% 내외가 포함되고 기타 탄수화물(당), 비타민, 미네랄, 효소 등을 함유한다. 100mg 무게의 일벌이 탄생하려면 애벌레 기간에 125~145mg의 꽃가루 먹이가 필요하다.

꿀벌이 필요로 하는 대부분 단백질은 꽃가루에서 섭취한다. 꿀벌은 꽃가루를 뒷다리의 바구니에 뭉쳐서 수집하여 벌통으로 돌아온 후, 벌통 안에서 벌의 타액과 혼합하여 '벌빵Bee bread'으로 벌집에 저장한다(그림 8-1). 벌빵은 갓 수집한 꽃가루에 비해 pH가 낮으며 소량의 녹말을 포함하는 등 영양학적으로 꽃가루와는 차이를 보이는데, 이는 꿀벌의 장내 미생물인 유산균에 의한 발효 과정을 통해 일어난다. 벌빵은 주로 내역벌이 섭취하고, 이들의 하인두샘에서 로열젤리의 단백질 성분 조성에 이용하고, 애벌레를 먹이는 데 사용한다.

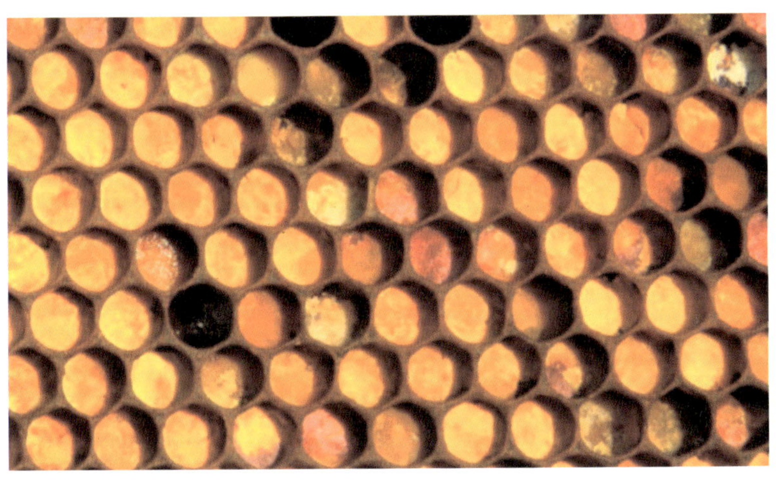

그림 8-1. 일벌이 수집한 화분을 벌집에 저장한 '벌빵(Bee bread)'

꿀벌은 입과 전위에서 꽃가루 세포벽을 파쇄하고, 중장에서 분비하는 단백질 분해효소가 꽃가루 속의 단백질을 분해하여 혈림프로 흡수한다. 이들은 근육, 신경조직, 소화기관, 생식기관 등으로 옮겨져 조직을 구성하는 성분이 된다.

꿀벌에게 있어 수집하는 화분의 양보다는, 영양학적으로 우수한 화분의 질이 더 중요하다. 화분의 품질을 결정하는 주요인은 단백질의 총함량과 필수 아미노산의 조성이다. 화분의 단백질 함량은 2~60%로 편차가 매우 심하며, 식물 종류 및 지역에 따라 큰 차이를 보인다. 화분의 조단백질 함량이 많을수록 일벌의 수명이 길어지는데, 봉군의 세력 증가도 화분의 조단백질 함량에 의해 큰 영향을 받는다. 일반적으로 봉군의 지속적인 성장을 위해서는 화분의 조단백질 함량이 최소 20% 이상이어야 한다.

화분의 영양학적 품질에서 단백질 총함량보다 더 중요한 것은 화분의 아미노산 조성이다. 꿀벌에게는 총 10종의 필수 아미노산이 필요한데(그림 8-2), 그중에서도 특히 류신, 아이소류신, 발린에 대한 요구도가 높다. 여러 필수 아미노산 중 한 가지라도 화분에 빠져 있다면, 아무리 단백질의 총함량이 높더라도 이 화분은 꿀벌에게 양질의 우수한 먹이가 될 수 없다. 다양한 조사 결과에 따르면, 대부분 화분은 모든 필수 아미노산을 꿀벌의 요구량 이상으로 함유하는 것으로 나타났다. 특히 라이신과 류신의 함량이 높다. 하지만 일부 식물 즉, 유칼립투스, 민들레, 옥수수 화분에는 각각 아이소류신, 아르지닌, 히스티딘이 부족하다.

필수 아미노산은 내역벌의 하인두샘과 외역벌의 비행 근육의 발달에 결정적인 영향을 미치는 것으로 알려져 있다.

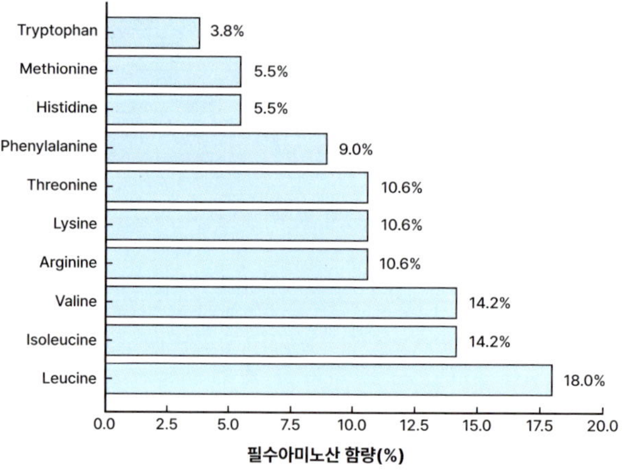

그림 8-2. 꿀벌에게 필요한 필수 아미노산 10종과 함량 비율(De Groot, 1953 자료 활용)

꽃가루에 함유된 지방산이나 지질은 에너지원이 될 뿐 아니라, 막을 구성하고 호르몬의 전구체 역할을 한다. 지질 성분으로는 스테로이드, 콜레스테롤 등 스테롤류, 당지질과 세포막 구성의 기본 성분인 인지질, 테르펜Terpene, 지용성 비타민(A, D)이 있다. 또한 지방산은 포화지방산, 불포화지방산으로 나뉘는데 이들은 꿀벌의 정상적인 발육에 매우 중요하며, 콜레스테롤 등 스테롤은 탈피호르몬인 엑다이손Ecdysone의 전구체로서 곤충 성장과 탈피에 중요한 역할을 한다.

꿀벌은 꽃가루에서 비타민을 흡수하는데 특히, 비타민 B-복합체와 비타민 C는 애벌레 발육에 필수 요소이며, 하인두샘의 발육에도 매우 중요하다. 또한 꽃가루를 통해서 칼륨, 나트륨, 인, 칼슘, 마그네슘, 구리, 망간, 아연, 철분 등 무기염류를 흡수한다. 꽃꿀에서 이들 미네랄 함량은 식물마다 차이가 크며, 또한 식물체가 자라는 토양에 영향을 받는다.

애벌레의 먹이

알에서 깨어난 일벌 유충은 처음 2일 정도 일벌 젤리Worker jelly를 먹고 자라는데, 이는 여왕벌이 먹는 로열젤리와는 조성에 약간 차이가 있다. 육아 일벌의 큰턱샘에서 분비하는 하얀 지질성 먹이와 하인두샘에서 나오는 투명한 단백질성 먹이가 혼합되어 이를 먹이로 준다. 3~5일에는 꿀과 화분을 주 먹이로 한다. 먹이 성분 중 비타민 B 복합체와 비타민 C, 그리고 물이 필수적이며, 지방 중에서 콜레스테롤(24-methylene cholesterol)은 탈피와 변태 과정에서 호르몬 성분으로 아주 중요하다. 성충 일벌은 저장된 꿀과 화분을 직접 섭취한다.

수벌 애벌레는 육아 벌의 하인두샘에서 분비되는 먹이와 꿀, 화분을 먹고 자란다. 어린 유충은 더 많은 단백질과 지질, 비타민 B가 필요하며, 노숙 유충도 많은 당분과 비타민 B를 요구한다. 성충 수벌의 당 소비량은 시간당 1~3mg(휴식), 14mg(비행)으로 일벌보다 많다.

여왕벌이 될 애벌레는 로열젤리를 섭취한다. 일벌 애벌레 먹이와 비슷한 성분이지만, 단백질 함량과 당 함량이 훨씬 많다. 특히, 일벌 젤리보다 비타민 B5로 알려진 판토텐산Pantothenic acid이 10배, 비오프테런Biopterin이 18배가 많고, 당함량도 3~4배가 많다. 로열젤리는 여왕벌의 수명과 난소 발달 등 산란 활동에 큰 영향을 준다.

물

물은 몸 조직을 구성하는 성분 중 가장 양이 많으며, 여러 대사 작용의 매개 역할과 체온 조절에도 중요하다. 따라서, 꿀벌의 생존을 위한 체온 조절, 소화, 유충 양육, 먹이의 수분 조절 등 다양한 기능을 수행하는 데 충분한 양의 물이 필요하다.

꿀벌은 강, 연못, 호수, 이슬, 나뭇잎에 맺힌 물 등 자연 공급원에서 물을 수집하는데, 특히 미네랄이 포함된 물을 선호하며, 토양에 흡수된 물이나 짠맛이 나는 물을 찾기도 한다. 꽃꿀에는 40~80%의 수분이 포함되어 있어, 꿀벌이 이를 흡수하면서 일부 수분을 얻기도 한다. 그러나, 건조한 환경에서는 벌통 내부에 저장된 수분 외에 추가적인 물 공급이 필요하다.

여름철 온도가 올라가면 꿀벌은 벌통 내 온도를 일정하게 유지하기 위해 물을 사용하는데, 외역벌이 물을 수집하여 벌집 내부로 가져오면, 일벌이 날갯짓으로 물을 증발시켜 얻는 냉각 효과로, 벌통 내부 온도 34~36°C를 유지한다. 봄철에는 유충과 번데기의 정상적인 발육을 위해, 일벌들이 물을 사용해 벌집 내부 습도를 조절함으로써 유충이 건조되지 않도록 정성을 들인다.

벌꿀을 섭취하기 위해 저장 꿀의 수분 함량을 조절하는 과정에서도 물이 필요한데, 벌꿀의 수분 함량이 너무 낮을 경우, 꿀벌은 물을 추가하여 적절한 농도로 희석한다. 건조한 환경에서는 소화 효소가 제대로 작용하기 위해 물이 필요하다. 한편으로는, 벌집 내부의 습도를 일정하게 유지하여야 밀랍이 부서지는 것도 방지한다. 지나치게 건조하면 벌집이 부서질 수 있기 때문이다.

제9장

꿀벌의 유전과 육종

1. 꿀벌의 유전

완두를 실험 재료로 일련의 유전 법칙을 발견하여 근대 유전학 발전의 토대를 이룩한, 오스트리아의 멘델Mendel, 1822~1884은 꿀벌의 유전 현상에 관한 연구에서는 큰 성과를 보지 못하였다. 그 이유는 여왕벌의 공중 교미와 여러 수벌과 교미하는 다중 교미 행동을 미처 파악하지 못하고, 실험을 위한 계획교배가 불가능하였기 때문이다.

꿀벌의 유전형질은 개체 단위가 아니라, 여왕벌과 다수 수벌의 생식으로 생기는 수만 마리의 일벌에 의한 집단의 형질로 발현하므로, 타 동식물과는 다른 유전 현상을 보인다.

형태적 형질

꿀벌의 형태적 형질Morphological traits은 유전적 차이와 환경적 요인의 상호작용을 이해하는 데 매우 중요하다.

앞날개와 뒷날개의 길이와 너비는 꿀벌의 비행 능력에 관련된 형질로, 종과 계통 간 변이를 파악할 수 있다. 특히 날개 시맥 위치와 배열은 종 구분과 계통 연구에 주로 활용하는 형질이다(2장 3절 참조).

일벌과 여왕벌의 머리, 가슴, 배의 크기는 환경 적응력과 번식력에 연관될 수 있고, 특정 부위의 형태 구조는 환경 적응의 척도가 될 수 있다. 일반적으로 소형 벌은 열대 기후, 대형 벌은 추운 환경에서 더 적응력이 높을 수 있다는 점을 예측할 수 있다.

일벌의 체모(털)는 화분 운반 능력과 직접 연관되는데, 털이 길고 밀도가 높은 꿀벌은 꽃가루 수집에 유리함으로써 화분 매개 능력의 차이를 분석하는 데 활용될 수 있다. 그리고 복부(배)를 포함한 몸의 색상과 패턴은 종 또는 아종 간의 고유한 형질의 차이를 나타낸다. 뒷다리 꽃가루 바구니Corbicula의 크기 및 형태도 화분 수집 능력과 관련된 중요한 형질이다.

더듬이의 길이와 여기에 분포하는 후각 수용체 밀도는 후각 능력을 반영하며, 특정 식물과의 상호 공생관계를 예측하는 데 중요하다. 꿀벌의 침과 여기에 연결된 독샘의 크기, 그리고 독액의 성분 차이는 방어 능력과 생리적 특성을 비교할 수 있는 형질이 된다.

이러한 형태적 형질은 전통적 분류학 연구는 물론, 유전체 분석과 연합하여 꿀벌의 유전적 다양성을 심층 분석하는 데 유용하다. 특히, 꿀벌의 환경 적응력, 계통 분화, 양봉 산물의 생산성 등을 추적하는 데도 밑바탕이 된다. 유전체와 형태학적 형질 간의 상관관계를 분석하면, 꿀벌의 유전학적 환경 적응과 진화 메커니즘을 밝혀낼 수 있을 것이다.

유전체 분석

꿀벌의 유전체 연구는 꿀벌의 생물학적 특징, 생리적 변화, 집단행동 패턴, 질병 저항성 추이 등을 이해하는 데 핵심적인 도움이 되었다.

국제 공동 연구팀 '꿀벌 유전체 시퀀싱 컨소시엄Honey Bee Genome Sequencing

Consortium'은 2006년에 서양꿀벌의 전체 유전체를 해독하여, 인간 유전체의 약 10분의 1 크기인 약 2억 3,600만 개의 염기쌍과 약 10,000개의 유전자를 확인하였다. 아울러 꿀벌은 163개의 후각 수용체 유전자를 보유하고 있어, 다양한 꽃의 향기를 구별하고 자신들의 의사소통에 중요한 역할을 하는 것을 예측하였다. 한편, 다른 곤충에 비해 면역 관련 유전자의 수가 적어, 질병에 대한 저항성이 상대적으로 낮을 수 있음을 추정하였다. 최근에는 꿀벌의 유전적 다양성, 질병 저항성, 그리고 환경 적응력에 관한 유전체 연구가 전 세계적으로 활발하다.

돌연변이

비교적 관찰이 쉬운 형태적 돌연변이는 어버이의 계통에 없던 새로운 형태적 형질이 돌발적으로 출현하는 유전형질이다. 유전자의 우발적 변화로 유발된 돌연변이는 돌연변이 유전자Mutations라는 대립인자로 표시하는데, 정상적 개체와는 다른 유전적 변이체로 취급한다.

꿀벌에도 여러 가지 형태적 돌연변이가 관찰되었는데, 대부분 단일 유전자의 지배를 받는 것으로 알려져 있다. 이 돌연변이 형질은 몸의 색, 표피의 털, 날개의 모양과 크기, 겹눈의 색채와 모양과 크기, 벌침의 구조 등에서 독특한 형태로 발현된다. 생화학적인 돌연변이를 포함한 형태적 돌연변이는 그 자체가 꿀벌의 선발 육종의 목표는 아니더라도, 꿀벌 유전학 연구에는 소중한 재료가 될 수 있다.

청소 행동

일찍이 미국부저병American foul brood에 대한 꿀벌의 저항성 형질을 연구하는 과정에서, 이 병에 대한 저항성은 일벌의 청소(위생) 행동 습성의 결과로 나타나고 있음을 주목하였다. 이 저항성 행동의 구체적 요소는 두 가지 습성으로 나타나는데, 죽은 유충이나 번데기의 봉개를 벗기는 행동Uncapping과 벌방에서 사체를 제거하는 행동Removing이다. 봉군 중에서 일부는 두 가지 행동을 모두 못하고, 일부는 한 종류의 행동만 취하고, 일부는 두 가지 행동 모두를 실행한다. 두 가지 행동을 모두 원활히 수행하는 봉군이 미국부저병에 대해 탁월한 저항성을 나타낸다. 또한 각각의 행동 습성은 소수의 유전자에 의해 단순 유전되며, 서로 독립적으로 유전한다(그림 9-1과 9-2 참조).

방어 행동

일벌의 외적 방어 행동도 유전적으로 결정된다는 것이 여러 가지 연구로 밝혀졌다. 공격력이 강한 꿀벌 계통은 사람의 호흡 가스에 의해 쉽게 자극을 받고, 일벌의 벌침에서 나오는 경보페로몬에 민감하게 반응하는 한편, 상대적으로 많은 양의 경보페로몬을 배출한다는 점을 확인하였다.

　일련의 방어 행동은 봉군 자극에 반응하는 시간, 움직이는 물체를 쏘는 일벌의 수, 도망하는 물체를 추적하는 거리 등에서 유전적인 차이로 나타난다. 이러한 행동 습성은 지속적인 꿀벌 계통선발을 통해 개량해 나갈 수 있다. 실제 상업적으로 판매되는 외국의 여러 꿀벌 품종은 이 과정을 통해 온순한 습성을 갖도록 선발한 것들이다.

꽃가루 수집

화분(꽃가루)을 수집하는 능력을 기준으로 계속해서 여러 세대를 선발한 결과, 화분 수집 능력이 우수한 봉군이 저조한 봉군보다 4배 이상의 많은 화분을 수집하는 것이 알려졌다. 한편, 봉군 전체의 화분 수집 능력이 아닌, 같은 일령의 일벌 개체를 동일 환경 조건에서 비교한 결과, 개체당 수집 능력이 뛰어난 계통이 저조한 계통에 비해 4〜16배의 많은 화분을 수집할 수 있는 것으로 조사되었다. 이러한 개체당 수집 능력의 유전적 차이는 미국에서 판매되고 있는 꿀벌 품종 간에도 아주 크게 나타나고 있다.

　이러한 양적인 화분 수집 능력의 차이뿐만 아니라 꿀벌은 유전적 차이에 의해 특정 꽃의 화분을 수집하는 선호도에도 차이를 보인다. 일부 계통이 수집한 전체 화분 중에서 알팔파 화분이 8%였는데, 이에 비해서 알팔파를 선호하는 계통이 수집한 화분에서는 87%가 알팔파 화분임이 확인된 바 있다.

꽃꿀 수집량

다량의 화분을 수집하는 계통을 선발하였을 때 이 계통은 상대적으로 화밀꽃꿀 수집량이 적고, 반면에 화분을 적게 수집하는 계통이 많은 화밀을 수집할 수 있다는 점이 알려졌다. 따라서, 화분 수집 능력이나 화밀 수집 능력 중 한 방향으로만 품종을 선발하였을 때, 다른 형질은 수집 능력이 떨어질 수 있다는 점을 주목해야 한다.

화밀 수집량에 대한 봉군의 내적 환경요인이 다양하고 복잡하므로, 실제 야외 봉군을 대상으로 유전적 차이에 의한 화밀 수집 능력을 정확히 평가하기는 쉽지 않다. 따라서 실내에서 이 유전적 차이를 간이검정하는 방법, 즉 작은 상자에서 50마리의 일벌이 일정량(20㎖)의 당액을 상자 속의 벌집에 저장하는 속도로 평가하는 방법이 활용되었고, 실제로 이 측정 방법으로 당액을 민첩하게 수집하는 행동을 보이는 계통이 선발된 적도 있다. 이 형질이 야외에서의 실제 벌꿀 생산량이 얼마나 연관되는가에 관해서는 이견이 많았다.

일반적으로 육종 연구에서는, 봉군 단위의 수밀 능력 형질을 평가하기 위해 일정 기간 벌통을 포함한 봉군 전체 무게의 증가량Weight gain을 측정한다.

분업 구성

꿀벌은 보통 일령이 진전됨에 따라 일벌이 맡아 수행하는 일을 분업화하는, 이른바 일령에 의한 분업화Age polyethism가 일어난다. 그러나 같은 봉군 내에서 유전적으로 차이가 있는 소가족들은(그림 5-7 참조) 일벌의 분업을 통한 역할 분담에서 유전적 차이에 의해 특정한 일(문지기, 사체 제거, 일벌 춤, 화밀과 화분 수집, 여왕벌 유충 양육 등)에 편중하는 경향을 보인다는 것이 연구되었다.

질병 저항성

꿀벌의 품종 간 질병에 대한 저항성의 차이는 근본적으로 행동 습성과 생리 기능의 차이에서 비롯된다. 앞에서 설명한 청소(또는 위생) 행동으로 나타나는 저항성은, 병원체의 전염원인 질병으로 죽은 유충을 조기에 제거함으로써 나타난다. 이 행동 습성은 미국부저병 이외에 백묵병에도 저항성을 가질 수 있는 중요한 형질이다. 그리고 아울러 유충 자체가 갖고 있는 생리적 저항성도 중요하게 작용한다. 유충의 먹이에 미국부저병*Bacillus larvae* 포자를 섞어 공급하였을 때, 저항성 계통이 감수성 계통의 유충보다 생존율이 높다. 또한, 저항성 계통의 일벌이 공급하는 유충 먹이의 항생 작용도 감수성 계통보다 높은 수준을 보인다.

2. 꿀벌의 육종

꿀벌의 유전형질과 육종에 대한 충분한 이론과 경험을 바탕으로 할 때, 성공적인 꿀벌 품종 개량을 기대할 수 있다. 벌꿀 생산과 질병 저항성 등 양봉의 생산성과 경제적 가치를 지배하는 유전적 형질은 지속적인 선발 또는 계통 간 교잡을 통해 개선할 수 있다.

위생 행동의 교배 육종

두 쌍의 대립 유전자가 관여하는 교배를 양성 교배라고 하는데, 대표적인 예가 꿀벌의 위생(청소) 행동에 관련되는 교배 육종이다. 1964년 로텐불러Rothenbuhler는 위생 행동이 두 개의 열성 유전인자에 의해 결정된다는 사실을 밝힌 바 있다. 두 개의 열성 유전자 중 첫째는 'u'(uncapping, 봉개 제거) 유전자로 죽은 유충이 있는 육아 벌방을 찾아 봉개를 벗기는 행동을 지배한다. 둘째 'r'(removing, 유충 제거) 유전자는 봉개가 제거된 벌방 속에서 죽은 유충 또는 번데기를 제거하는 행동을 유도한다. 만약 'u'가 없다면 일벌들은 죽은 유충이 들어있는 벌방에서 봉개를 벗겨 열어 볼 수가 없고, 'r'이 없을 때는 일벌들이 벌방에서 죽은 벌 유충들을 빼내지 못한다. 이러한 위생 행동을 나타내는 일벌들은 미국부저병뿐만 아니라 꿀벌 응애에 대해서도 일부 저항성을 보이는 것으로 알려졌다.

이 두 유전자는 서로 다른 두 상동염색체에 있다. 그림 9-1을 예로 들면, 꿀벌의 두 종류 혈통 중에서 한 혈통은 죽은 유충이 있는 봉개를 벗기는 유전자에 대해서만 동형으로 'u/u'를 갖고, 두 번째 혈통은 봉개가 제거된 이후에 죽은 유충이나 번데기를 빼내는 유전자에 대해서만 동형으로 'r/r'을 보유하고 있다.

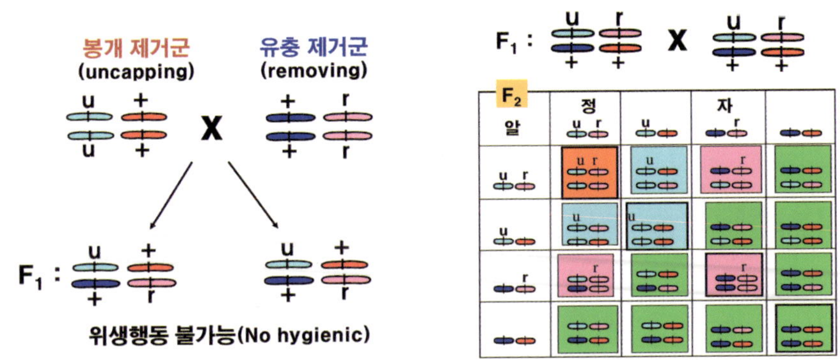

그림 9-1. 꿀벌 청소 행동의 유전 양식(양성잡종 1대와 2대)

한 혈통의 여왕벌이 다른 혈통의 수벌과 교미하였을 때 잡종 1세대 F_1이 출생한다. 이 세대의 모든 자손(일벌과 여왕벌)은 두 쌍의 유전자에 대해 이형을 보유한다. 즉 'u/u, $+/+$' × '$+/+$, r/r' = '$u/+$, $+/r$'이다(+: 야생 우성유전자). 두 위생 행동 관련 유전자는 청소 능력이 없는 야생 우성유전자에 대한 열성이기 때문에, 모든 자손은 위생 행동을 보여주지 못한다. 이러한 결과로 봉개를 벗길 수 있는 벌을 죽은 유충을 제거할 수 있는 벌과 교배하였을 때, 이들의 자손은 예외 없이 봉개를 열지도 못하고, 죽은 유충을 빼내지도 못한다.

F_1에서 양성 이형접합인 여왕벌 '$u/+$, $+/r$'은 4종류의 배우자(알 또는 정자)로 'u/r', '$u/+$', '$+/r$', '$+/+$'를 생산한다.

F_1의 양성 이형접합인 처녀 여왕벌이 다른 이형접합 F_1 여왕벌이 낳은 수벌과 교미하였을 때, 총 16종류의 유전자 조합이 가능해진다(그림 9-1, 우측). 총 16개 유

형의 유전조합 중에서 'u' 유전자의 4개 유전형은 봉개를 벗기는 표현형으로 나타나고, 나머지 12개 유전형은 봉개를 벗기지 못하는 표현형으로 나타난다. 그러므로, 봉개를 제거하는 것과 제거하지 못하는 것의 비율은 '1:3'이다.

동일한 '1:3'의 비율이 다른 형질인 죽은 유충 제거와 관련한 'r'에도 나타난다. 두 형질을 모두 계산하면 표현형의 분포는 $(1:3)^2 = 1:3:3:9$가 된다. 그러므로 표현형의 분포는 봉개를 벗기고 죽은 벌을 제거하는 봉군 '1', 봉개를 벗기는 봉군 '3', 사충을 제거하는 봉군 '3', 봉개를 벗기지도 사충을 빼내지도 못하는 봉군 '9'로 나타난다.

양성잡종에서는 멘델의 분리 법칙에 따라, 원래 집단에는 없던 새로운 유전조합이 생기게 된다. 이러한 새로운 유전조합으로는 봉개를 벗기고 사충을 제거하는 위행 행동을 보이는 벌과, 봉개를 열지도 못하고 죽은 벌을 제거하지도 못하는 벌이다. 잡종 2세대 F_2에서 나타나는 이러한 현상은 위생 행동과 같이, 원래 집단에 없던 형질에 대하여 보다 우수한 벌을 육종하는데 바탕이 되는 이론이다.

이상을 요약하면 위생 행동이 뛰어난 자손을 육종하기 위해서는 봉개를 벗기는 벌과 죽은 벌을 제거하는 벌을 교배하는 것으로는 충분하지 못하다. 즉 F_1은 봉개를 벗기지도 사충을 제거하지도 못한다. 이 청소력이 없는 F_1을 교배하여 F_2 세대를 얻어야 한다. F_2에서 비로소 표현형이 분리됨으로써 새로운 유전형을 얻게 된다. 이로부터 육종 양봉가는 원하는 형질을 갖춘 벌을 선발할 수 있는 것이다.

청소력을 갖춘 위생 행동을 하는 꿀벌을 확인하는 두 가지 방법이 있다. ① 5 × 6cm의 면적으로 봉개 벌집을 잘라서 24시간 동안 냉동시킨 후 삽입하여 벌통에 다시 넣어주거나, 직접 액체질소를 부어서 냉동하는 방법(그림 9-2)과 ② 예리한 바늘로 봉개된 유충을 찔러 죽여서 조사하는 방법이다. 하지만, ②의 방법은 죽은 유충이 노출되기 때문에 다소 부정확한 평가가 나올 수 있다. 그림 9-2의 우측 사진처럼, 죽은 봉개 번데기를 48시간 안에 모두 제거하는 봉군은 뛰어난 청소 능력 즉, 우수한 위생 행동을 갖추고 있는 것으로 판단할 수 있다.

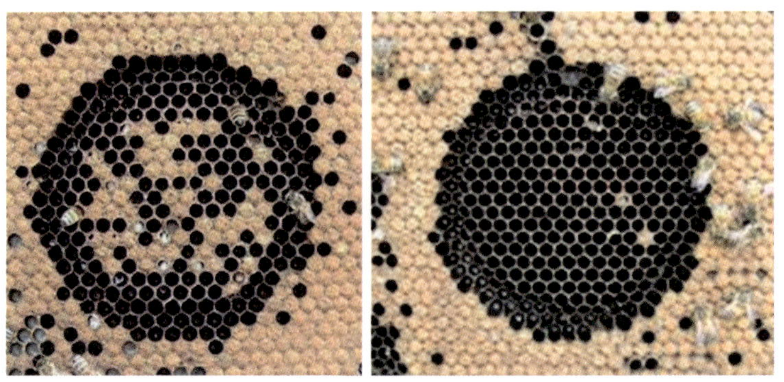

그림 9-2. 액체질소에 의해 사망한 봉개 번데기를 청소하는 위생 행동의 비교

수밀 능력의 교배 육종

일벌의 수밀 능력은 양적인 유전형질로 나타나는데, 그림 9-3과 같은 교배 결과를 예로 들 수 있다.

벌꿀 생산에 관여하는 두 쌍의 유전자가 서로 독립적으로 유전하는 두 염색체에 위치하고, 두 혈통의 꿀벌 중 한쪽은 꿀을 적게 생산하고 다른 쪽은 많이 생산하는 것으로 가정한다면, 적게 생산하는 쪽의 유전형은 'm_1/m_1', 'm_2/m_2'이고 각 대립 유전자는 주어진 환경에서 '5kg'의 꿀을 생산한다.

마찬가지로 생산성이 높은 혈통은 'M_1/M_1', 'M_2/M_2' 두 유전형을 갖고 각 대립 유전자가 동일한 환경에서 '10kg'의 꿀을 생산한다. 이렇게 보면 첫 번째 혈통의 벌은 '4 × 5kg = 20kg'의 꿀을, 두 번째 혈통의 벌은 '4 × 10kg = 40kg'의 꿀을 생산하는 것으로 계산할 수 있다.

두 혈통을 교배하였을 때 F_1의 유전자형은 'M_1/m_1', 'M_2/m_2'이고, 이들 각 봉군은 '30kg'의 꿀을 생산한다. 이 꿀 생산량은 양친 생산량의 평균값이다.

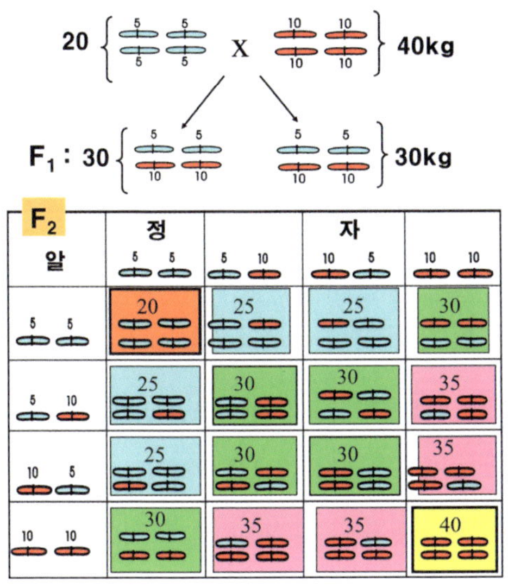

그림 9-3. 양적 형질인 수밀력의 유전(잡종 1대, 2대)

잡종 1대(F_1) 여왕벌과 수벌을 교배하였을 때, 그림 9-3(아래)의 잡종 2대(F_2)처럼 총 16개의 유전조합이 만들어진다. 그리고, 같은 양을 생산하는 조합을 그룹으로 묶었을 때는. 5개의 그룹에서 각각 '20, 25, 30, 35, 40kg'의 꿀을 생산한다. 최고 '40kg'의 꿀을 생산하는 그룹뿐만 아니라, 최저 '20kg'을 생산하는 유전조합도 존재한다. 가장 많은 수는 '30kg'을 생산하는 부류에 속한다.

모든 유전조합의 생산량을 더하여 유전조합의 수로 나누면 전체 평균은 '30kg'이 되는데, 이는 F_1 세대의 생산량과 같다. 그러나 F_1과 F_2의 차이를 보면, F_1에서는 모두 같은 생산량을 보이지만, F_2에서는 큰 편차로 나타난다.

결론적으로 양봉가는 다음 세대의 육종을 위해 F_2 세대에서 생산량이 가장 많은 봉군을 선발하여야 한다.

수밀 능력의 선발 육종

선발은 일련의 육종 과정으로서, 여러 세대에 걸쳐 형질이 가장 우수한 봉군을 선택하여, 다음 세대의 번식을 위한 여왕벌과 수벌을 계속해서 양성하는 것이다. 양적인 차이로 나타나는 유전형질은 여러 세대를 통해 선발해야만, 목표로 하는 우수한 형질을 획득할 수 있다.

1. 선발 격차

그림 9-4를 예로 들면, 일정 규모의 봉군 집단에서 봉군마다 수밀력에 차이가 있고, 전체 봉군의 평균 생산량이 '30kg'으로 나타났다. 이에 따라 1차로 여왕벌과 수벌을 기우기 위헤 평균 생산량이 '50kg'인 봉군 그룹을 선발하였다.

선발 그룹과 전체 봉군의 생산량 차이를 '선발격차Selection differential, SD'라고 한다. '선발 격차(SD)'는 '50kg − 30kg = 20kg'으로 계산된다.

선발 격차가 적을 때 진척 속도가 느리고, 선발 격차가 클 때는 빠른 진척을 보일 수 있다. 그러나 선발 격차가 지나치게 크면, 육종 그룹 중에서 다른 유전형질에서 유용한 가치가 있는 여러 봉군이 제외될 우려가 있다.

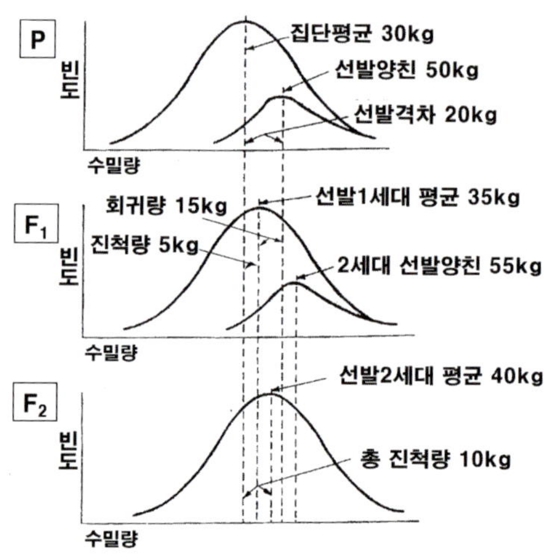

그림 9-4. 수밀량에 대한 2세대 선발 효과의 진척 과정

2. 회귀

선발 그룹으로부터 다음 세대를 얻었을 때, 다음 세대의 평균 생산량이 양친 세

대에 못 미치는 현상이 나타난다. 얻어진 수치는 양친의 평균값에서 전체 집단의 평균값 방향으로, 역으로 이동한다. 이러한 현상을 '회귀Regression, R'라고 한다. 그림 9-4 사례에서 선발 1세대(35kg)의 회귀량은 '50kg-35kg'인 15kg이다.

3. 유전율

눈 색깔과 같은 형질은 전적으로 유전형에 좌우된다. 그러나, 수밀력과 같은 양적인 형질은 환경 여건과 다른 유전 형질에 의해 크게 영향을 받는다. 전체 '표현형 편차(Vp)'에 대한 '유전적 편차(Vg)'의 비율을 '유전율(h²)'이라고 한다.

$$h^2 = Vg/Vp$$

유전율Heritability은 0에서 1까지의 값을 갖는다. 수밀력에 관한 유전율은 0.25~0.30으로 나타난다. 이것은 꿀 생산량 차이의 25%에서 30% 정도는 유전적 요인에 의해 결정된다는 것이다.

유전율을 25%(0.25)로 산정하여 다음 세대의 선발 진척도Genetic progress, Pr를 예측할 수 있다.

$$Pr = h^2 SD$$

이 값은 다른 말로 선발반응Response to selection이라고도 한다. 선발 격차(SD)가 50kg − 30kg = 20kg이라면, 진척도(Pr)는 20kg × 0.25 = 5kg으로 예측하게 된다. 그러므로, 선발 집단의 수밀력이 전체 집단보다 20kg 더 많다 하더라도, 다음 세대에서는 단지 5kg의 수밀력 증가를 기대할 수 있다. 따라서 다음 세대의 평균 수밀력은 30 + 5 = 35kg으로 나타난다.

50kg 또는 그 이상의 수밀력을 얻기 위해서는 여러 세대에 걸쳐 선발 작업이 반복되어야 한다. 우리가 양봉장의 평균 꿀 생산량보다 20kg을 더 생산하는 그룹을 선발하였을 때(SD 20kg), 선발하는 세대마다 5kg이 증가된 생산을 기대할 수 있다. 만약 5kg의 선발 격차라면, 세대마다 단지 5 × 0.25 = 1.25kg의 생산량 증가를 기대할 수밖에 없다.

선발 육종 사례

2차 세계대전 후 이스라엘은 자신들이 보유하고 있는 토착 종인 '이집트벌'을 교체하기 위해, 온순하고 수밀력이 우수한 미국산 '이탈리안'을 도입하여 전국에 보급하였다. 그 결과로 평균 벌꿀 수밀력을 30% 증진하였다. 도입한 이탈리안 종을 더욱 개량하기 위해, 13년 동안 산란력이 우수하고 수밀력이 뛰어난 봉군을 선발하여, 결국에는 연간 봉군당 생산량을 60kg 이상으로 끌어올리게 되었다. 이러한 진행 과정은 매년 1세대씩 선발한 여왕벌 간의 자연 교미로 이루어졌다.

이 육종 작업이 이루어진 양봉장은 완전히 격리된 지역에 위치하지는 않았지만, 선발된 봉군에서 양산한 수많은 수벌을 자연 교미에 활용함으로써, 근친교배를 피하여 유충 생존력을 높은 상태로 정확한 교미 작업을 지속했던 것이 성공의 비결이었다.

캐나다 앨버타주에서는 대규모 집단을 대상으로 매일 증가한 수밀량, 봉개 유충의 수효(산란력) 등을 지표로 하는 선발 육종을 수행하여, 3세대 만에 남부에서 46.3%, 북부에서 56.8%의 수밀력을 증진한 바 있다.

질병 저항성 육종의 대표적인 성공 사례는, 미국에서 1930~50년대에 수행하였던 미국부저병에 대한 저항성 육종으로 볼 수 있다. 당시 미국 전역으로부터 미국부저병에 저항성을 보이는 이탈리안, 코카시안, 카니올란의 꿀벌 계통 25군을 수집하여 장기간의 선발 작업에 들어갔다. 마침내 14년 후, 15세대 경과 후에는 괄목할 만한 저항성 증가 효과를 보였는데, 초기 감염률 72%가 선발 완료 후에는 2%로 현저히 감소하는 성과를 이루었다.

계획교배 육종

과거에는 특정 양봉장에서 꿀을 제일 많이 수밀하는 우수 봉군을 무작위로 골라서, 이 봉군에서 새 여왕벌과 수벌을 같이 길러서 교배하는 선발 육종법이 추천되었다. 그러나 이 방법은 두 가지 측면에서 비합리적이다.

첫째, 근친교배로 인해 어떤 수정란에서는 배수체 수벌이 많이 나와 애벌레가 제거된다. 이에 따라 육아권이 흐트러져 약군이 된다. 둘째, 일반적으로 수밀량이 가장 많은 봉군의 여왕벌은 잡종이다. 따라서 다음 세대에서는 유전자 조합이 분리되기 때문에 선발한 봉군이라 하더라도 수밀량은 아주 심한 차이를 보인다.

그러므로, 이보다 효율적인 방법은 적절한 계획교배를 통해 육종하는 것이다. 이 육종 체계는 첫 세대에서 순수한 혈통을 확보하여 이들을 교배하여 다음 세대의 잡종을 얻는 방법보다는 훨씬 손쉬운 방법이다. 또한 다음에 설명하는 폐쇄집단 육종보다도 접근이 쉽다.

이 육종법을 요약하면 다음과 같다. 성 대립인자가 동형으로 만나 높은 비율로 배수체 수벌이 생기는 피해를 막기 위해서는 근친교배를 억제해야 한다. 처녀 여왕벌과 수벌은 같은 여왕벌에서 출생하면 안 될 뿐만 아니라, 처녀 여왕벌과 수벌을 생산하는 여왕벌끼리도 같은 여왕벌에서 나온 자매지간이 되어서도 안 된다. 최선의 방법은 처녀 여왕벌을 생산하는 여왕벌은 수벌을 생산하는 여왕벌과 다른 자매그룹에 속하도록 하는 것이다.

계획교배 육종 양식의 일례를 들면 그림 9-5와 같다. 제일 먼저 양봉장 내 봉군 집단의 수밀력을 비교해서 우수한 4개 봉군을 선정한다. 다음 세대의 새 여왕벌을 3개 봉군에서 각 5마리씩 키우고, 나머지 한 봉군에서 수벌을 대량 양성한다. 격리 교미 또는 인공수정 후에 15마리 여왕벌의 봉군들에서 수밀력을 평가한다. 다시 4개 봉군을 선정하여 다음 세대 여왕벌을 3개 봉군에서 각 5마리씩 생산하되, 근친교배를 피하려면 수벌은 다른 윗세대 여왕벌(할미)에서 태어난 여왕벌에서 생산하여야 한다. 여러 세대에 걸쳐 이러한 계획적인 교배 과정을 반복한다.

최선의 선발 효과는 선발하는 처녀 여왕벌이 한두 마리의 여왕벌에게서만 유래하지 않고, 보다 많은 여왕벌에서 선발할 때 가능해진다. 선발된 여왕벌로부터 생산하는 수벌은 성 대립인자를 제한하여 유전하기 때문에, 수벌을 한 여왕벌에게서만 생산하기보다는 두 여왕벌에서 육성하는 것이 더 유리할 수 있다.

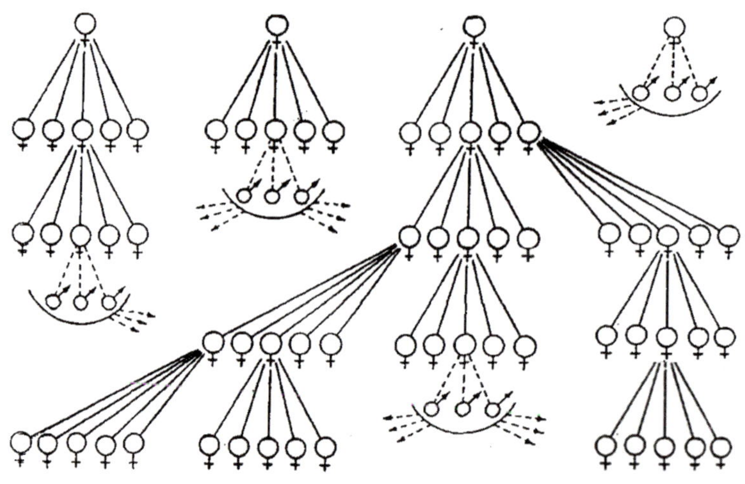

그림 9-5. 계획교배의 사례

교잡 육종

1. 근교 잡종

근교 잡종Inbred-hybrid은 두 근교 계통Inbred line 간에 교배가 이루어졌을 때 나타나는 잡종강세의 장점을 얻는 육종방법이다. 각 근교 계통은 근친교배에 의해 생존력이 약해진 상태에 있지만, 다른 근교 계통과 교배시켰을 때는 교배 조합에 따라 탁월한 우수 형질을 보인다.

근교 계통은 자신의 우수한 특성과 더불어 타 계통과 조합되는 능력을 근거로 하여 선정되어야 한다. 특정한 계통과 잘 조합하는 한편, 그 밖의 다른 계통과는 조합이 잘되지 않는 계통은 특이조합능력Specific combining ability 을 보유하고 있으며, 모든 라인과 잘 조합하는 라인은 일반조합능력General combining ability 을 지니고 있다고 부른다. 근교 계통은 형질이 뛰어난 계통에서 출발하여 계속해서 계통 내 선발 작업이 이루어져야 한다. 만약 근교 계통 내 오랫동안 반복된 교배로 인해 생존력이 심하게 저하된다면, 이 계통은 더 이상 선발이 불가능하게 된다.

2. 잡종강세 이용

이 육종방법은 잡종강세Heterosis의 효과를 이용하는 방법이다. 잡종강세는 중요한 형질의 유전자형이 이형접합일 경우에 나타난다. 잡종강세 효과는 서로 다른 근교 계통 간 교배에서 나타날 수 있다. 지속적인 잡종강세는 교잡 계통이 아닌 순수한 계통끼리 교배했을 때 일어난다.

잡종강세를 극대화하기 위해 근교 계통 간 교배 유형은 육종 목적과 유전형질의 특성에 따라 다양하게 설계할 수 있다. 표 9-1은 대표적인 잡종강세 교배 유형과 용도를 요약한 것이다.

표 9-1. 잡종강세 생성을 위한 교배 유형과 역교배

교배 유형	구조	교배 목적
단교배 (Single Cross)	P_1(근교계)×P_2(근교계)→F_1(잡종) * 두 근교계를 교배하여 F_1 잡종 생성	잡종강세 극대화
삼원교배 (Three-Way Cross)	(P_1×P_2→F_1)×P_3(근교계)→F_2 * 단교배 F_1을 다른 근교계와 교배 F_2 생성	F_1의 잡종강세를 유지하며 새로운 형질을 도입
복교배 (Double Cross)	(P_1×P_2→F_1)×(P_3×P_4→F_1)→ F_2 *두 쌍의 단교배 F_1을 교배하여 F_2 생성	유전적 다양성 증대와 잡종강세 극대화
다원교배 (Synthetic Cross)	P_1×P_2×P_3×P_4→F_1 * 여러 근교 계통을 동시 교배	다양한 유전자를 보유, 환경 적응력이 높은 품종 개발
역교배 (Backcross)	F_1 × P_1 또는 F_1 × P_2 * F_1을 다시 부모 계통 중 하나와 교배	특정 형질 고정, 형질을 부모 계통에 가깝게 복원

여러 육종 연구에서 카니올란과 멜리페라 계통 사이의 교배를 통해 양친 계통에 비해 131%의 수밀력을 가진 잡종 생산이 가능하고, 코카시안과 이탈리안을 서로 교배하여 양친 세대보다 137~161%의 벌꿀 수집이 가능한 것으로 보고하였다.

일반 계통 그룹의 평균 꿀 생산량에 비해 125%의 생산량을 보이는 오스트리아의 카니올란계 품종인 스크레나Sklenar를 다른 지역 계통과 교배하여, 잡종 1대(F_1)에서 평균 196%의 벌꿀을 생산하였다. 그러나 잡종 2대(F_2)에서는 생산량이

양봉장 평균의 116%로 양친 세대보다 줄어들었고, 잡종 3대(F_3)에서는 69%로 평균 생산량이 줄어들었다.

따라서 벌꿀 생산량을 늘리기 위해 잡종 꿀벌을 육성하였다면 반드시 F_1 또는, 삼원교배와 복교배의 경우에는 F_2 세대만을 이용해야 한다. 비슷한 적용 사례로 우리나라 농촌진흥청에서 보급한 잡종강세를 이용한 '장원벌'을 들 수 있다.

폐쇄 집단 육종

꿀벌에서의 폐쇄 집단 육종Closed population breeding은 외부 유전 집단과의 교배 없이, 제한된 집단 내에서만 번식을 유도하는 방식이다. 선택한 유전적 특성을 계속 유지하며, 점차 강화하려는 목적으로 수행한다. 즉, 폐쇄 집단 육종은 특정한 형질, 생산성, 질병 저항성, 환경 적응력 등 유용한 유전 특성을 가진 꿀벌 집단을 효과적으로 유지할 수 있다는 것이 특징이다.

폐쇄 집단 육종의 이점은 첫째, 유전적 특성을 강화한다는 것이다. 예를 들어, 꿀 수집 능력이 높은 봉군 집단을 지속해서 번식시키거나, 특정 질병에 강한 저항성을 지닌 여왕벌을 선택하여 집단을 유지, 강화할 수 있다. 둘째, 관리가 비교적 쉽다는 것이다. 특정한 집단 내에서만 번식이 이루어지기 때문에 꿀벌의 특성을 관측하기 쉽고, 양봉장 관리가 효율적으로 이루어질 수 있다. 셋째, 일관된 품질을 유지할 수 있다. 폐쇄 집단 육종을 통해 일정한 품질과 균일한 생산성을 가진 계통 또는 품종을 유지할 수 있다.

폐쇄 집단 육종의 단점으로는 첫째, 근친교배의 위험성이 있다. 제한된 집단 내에서만 번식이 이루어지므로, 근친교배 가능성이 커져서 유전적 다양성을 감소시킬 수 있다. 따라서 꿀벌 집단이 환경 변화에 적응하는 능력이 떨어질 수 있으며, 열성 형질이 발현될 위험성이 있다. 이 문제를 최소화하기 위해서는 일부 외부 개체를 주기적으로 도입하여 유전적 다양성을 확보할 수 있다. 둘째, 질병이나 기생충에 취약할 수 있다. 유전적 다양성이 부족할 경우 특정 질병이나 기생충에 대한 취약성이 증가한다. 만약 집단 전체가 감염되면, 육종 사업에 치명적인 실패를 초래할 수 있다. 셋째, 외부 유전자의 결핍이다. 폐쇄 집단 육종은 외부 유전자 유입을 차단하므로, 새로운 유전적 다양성이 부족하여 예상치 못한 환경 변화에 대한 적응에 실패할 수 있다.

폐쇄 집단이 보유하는 성 대립인자의 수는 생식에 관계하는 여왕벌의 수에 의해 결정된다. 여왕벌이 임의로 교미하고 후대 여왕벌도 임의로 선발할 경우, 10개의 성 결정 대립인자를 갖기 위해서는 세대별로 50개 봉군의 여왕벌이 선발되어야 한다. 즉, 50마리의 여왕벌은 40세대 이후에도 85% 이상의 유충 생존율을 보장하기 때문이다. 이점은 특정한 꿀벌 계통이나 품종을 유지하며 개량하기 위한 첫 단계에서, 폐쇄 집단의 봉군 규모를 결정하는 데 아주 중요한 이론이다.

많은 성 대립인자와 높은 생존율을 유지하는 데 효과적인 방법으로는 여왕벌을 임의로 선택하지 않는 대신, 각 세대의 각 어미(구) 여왕벌을 이 여왕벌이 낳는 딸 여왕벌로 교체하는 방법이 제시된다. 이 방법을 통해서 85% 수준의 생존율을 확보하는 장기간 육종 사업을 위해서는, 최소 35개 봉군이 필요한 것으로 알려져 있다.

시간이 지날수록 유전적 다양성이 감소하고 근친 교배율이 증가하는 폐쇄 집단 육종의 문제점을 해결하기 위한 교배 양식으로는 순환 교배Rotational mating가 있다. 이 체계를 도입하면, 일정한 주기로 교배 순서에 따라 여왕벌과 수벌 간의 교배조합이 바뀌며, 유전적 혼합과 성 결정 유전자의 다양성을 유지할 수 있다. 집단을 3~4개의 소그룹을 설정하여 순환 교배하며 운영하는 방식이며, 이는 근친에 의한 배수체 수컷의 발생을 효과적으로 억제하는 육종 체계 중 하나로써 자주 이용된다. 예를 들면, 육종 집단을 유전적 특성에 의해 또는 임의로 세 그룹으로 나누어, 그림 9-6처럼 A 그룹의 여왕벌(Q)에 B 그룹의 수벌(D)을 교배한 A′와 B의 여왕벌에 C의 수벌을 교배한 B′, C의 여왕벌에 A의 수벌을 교배한 C′ 그룹으로 다음 세대의 집단을 구성한다. 그리고, 그다음 세대는 A′, B′, C′ 그룹 간에 위와 같은 3개 조합의 순환 구조로 계속 이어 나갈 수 있다.

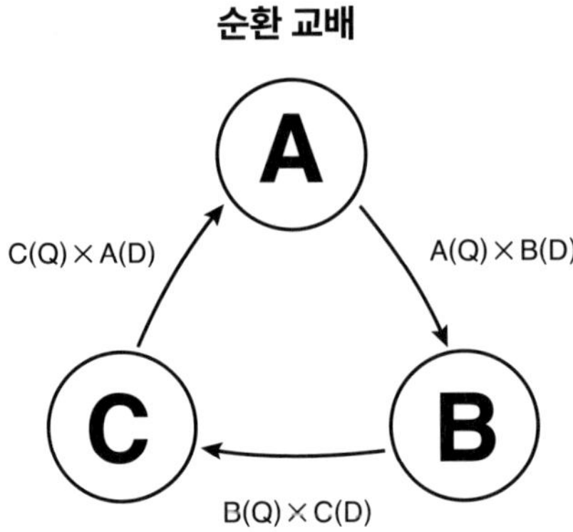

그림 9-6. 3개 그룹의 순환 교배 모식도(Q: 여왕벌 ♀, D: 수벌 ♂)

제10장

꿀벌의 화분매개

1. 꿀벌과 속씨식물

꽃이 피고 씨를 맺는 속씨식물Angiosperms과 꽃가루 수분을 하는 벌은, 백악기인 1억~6천만 년 전부터 공진화하였다. 꽃을 피우는 식물은 꽃꿀화밀, Nectar과 꽃가루화분, Pollen를 벌에게 공급하고, 벌은 그 대가로 수술의 화분을 암술로 옮겨 수분시킴으로써 식물이 씨를 맺어 번식하도록 도움을 주었다.

속씨식물은 전 세계에 다양하게 분포하며 그 수가 약 30만 종에 달하는데, 대부분 벌을 비롯한 파리, 딱정벌레, 나비, 나방 등의 곤충류와 공생하고, 일부는 새와 박쥐 등과도 이와 같은 공생관계를 이룬다.

속씨식물은 타가수분他家受粉, Cross-pollination 즉, 같은 종의 다른 식물체 간에 수분이 일어나는 것이 자가수분自家受粉, Self-pollination 하는 것보다 다음 세대에서 더욱 풍부한 유전적 다양성을 보유한다. 따라서, 다채로운 유전적 변이를 보유한 식물은 새롭게 변한 환경에서 적응력과 경쟁력이 높아, 새로운 생태적 지위를 점유하는 데 유리하다.

벌들은 몸에 많은 화분을 효율적으로 부착할 수 있도록 갈래가 있는 털을 갖게 되었고, 특히 꿀벌은 다리에 화분 바구니Pollen basket와 소화기관에 꽃꿀을 운반하기 위한 꿀주머니蜜胃가 발달하고, 수집한 많은 꿀과 화분을 저장하기 위해 밀랍으로 벌집을 만드는 습성을 가지게 되었다.

속씨식물은 벌이 잘 유인되어 수분을 돕도록 꽃의 구조가 발달하였다. 꽃은 눈에 잘 띄도록 밝은색과 벌들이 잘 볼 수 있는 자외선을 반사한다. 그리고 벌이 꽃꿀을 잘 찾을 수 있도록 독특한 표식과 꽃향기를 갖게 되었다. 한편으로는, 같은 식물체 내에서 자가수분이 일어나지 않도록 하는 방어 기능을 갖추도록 진화하였다.

속씨식물의 꽃은 자가수분을 방지할 수 있는 형태적, 생리적 장치가 발달하였다. 예를 들면, 어떤 식물은 암수딴그루자웅이주, Dioecious로 수술만 있거나 암술만 있는 꽃으로 나뉜다. 일부 식물은 서로 다른 시기에 암술과 수술이 따로 생장하여, 자가수분의 기회를 줄인다. 또 어떤 식물은 자가수분을 피하는 생리적 기능으로 자가불화합성Self incompatibility을 갖고 있다. 대표적으로 사과를 들 수 있는

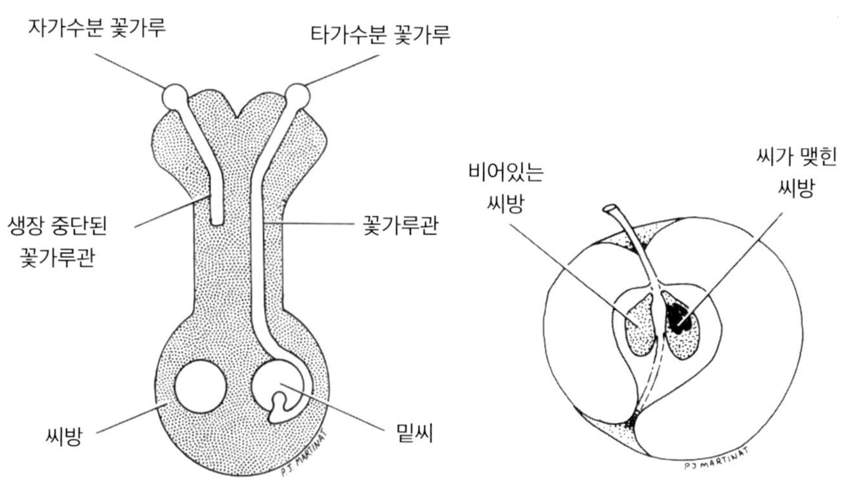

그림 10-1. 사과꽃의 자가수분에 의한 자가불화합성과
이로 인한 비정상 과일의 구조(Martin, 1975)

데, 사과는 열매를 맺기 위해선 타가수분이 이루어지도록 다른 유전 집단의 꽃가루가 필요하다. 그래서 만약 단일 품종만을 심게 되면, 자가수분처럼 꽃가루관의 생장이 멎어서 꽃가루 핵이 밑씨에 도달하지 못해 정상적인 사과를 수확하지 못한다(그림 10-1). 따라서, 수분수受粉樹, Pollenizer로서 다른 품종의 사과를 같이 심어 타가수분을 유도해야 한다.

자가불화합성 작용 체계는 크게 두 가지 유형이 있는데 ① 화분관Pollen tube이 충분히 자라지 못하여, 화분 핵이 난세포에 도달하지 못하는 것, ② 화분 핵이 도달하지만, 난핵과 결합하지 못하여 수정에 실패하는 것이다.

2. 꿀벌 화분 매개의 경제적 가치

꿀벌은 단순히 양봉 산물의 생산에만 그치는 것이 아니라, 화분 매개를 통해 막대한 경제적 가치를 창출한다.

1983년 미국에서 생산되는 벌꿀 등 1차 산물 총액 1.3억 달러의 143배에 달하는 190억 달러를 꿀벌이 농작물과 과수, 목초의 꽃가루 수분으로 이바지하고 있음이 알려졌다(표 10-1). 그리고 2000년 코넬대학의 분석에 의하면, 미국 전체 농작물의 화분 매개를 위한 곤충 의존도와 곤충 중 꿀벌의 비율을 근거로 꿀벌의 농작물 생산액에 대한 기여 가치가 146억 달러에 이른다(표 10-2).

표 10-1. 꿀벌의 1차 생산과 화분 매개 이용 가치 비교(USDA, 1983)

꿀벌 이용 가치		생산액(달러)	비율(A/B)
농작물 화분 매개 (A)	과실 생산	33억	143배
	종자, 건초 생산	84억	
	낙농제품 생산	71억	
1차 양봉 산물 생산 (B)		1.3억	

표 10-2. 미국 작물별 생산에 대한 꿀벌 화분 매개의 기여 가치(2000년도)

작물명	작물의 화분매개 곤충 의존도	화분매개곤충 중 꿀벌의 비율	꿀벌의 기여 가치 (단위·백만 달러)
알팔파	100%	60%	4,654.2
사과	100%	90%	1,352.3
아몬드	100%	100%	959.2
밀감류	20~80%	10~90%	834.1
목화	20%	80%	857.7
대두	10%	50%	824.5
양파	100%	90%	661.7
브로콜리	100%	90%	435.4
당근	100%	90%	420.7
해바라기	100%	90%	409.9
캔탈로프멜론	80%	90%	350.9
기타 과일 및 견과류	10~90%	10~90%	1,634.4
기타 채소 및 멜론류	70~100%	10~90%	1,099.2
기타 농작물	10~100%	20~90%	70.4
합계			14,564백만 달러

미국의 대부분 과일과 견과류, 채소와 농작물 생산액에서 꿀벌이 기여하는 비율은 최대 90% 이상에 이른다. 이 중에서 특히 아몬드는 꿀벌 의존도가 100%로써, 전세계 생산량의 80%를 미국 캘리포니아 주에서 생산한다. 이를 위해 매년 투입되는 화분매개용 꿀벌 봉군 수는 270만군으로 미국 전체 벌통의 80~90%에

달한다.

　국내에서도 주요 16개 작물의 총생산액 12조 3,800억 원 중 약 5조 8,000억
원(약 46%)이 꿀벌이 화분 매개로 의한 경제적 가치로 평가되었다(그림 10-2).
16개 작물 중 사과, 배, 감, 수박, 호박, 멜론, 고추, 딸기는 각 생산액의 50% 이상
을 꿀벌에 의존하고 있음을 알 수 있다.

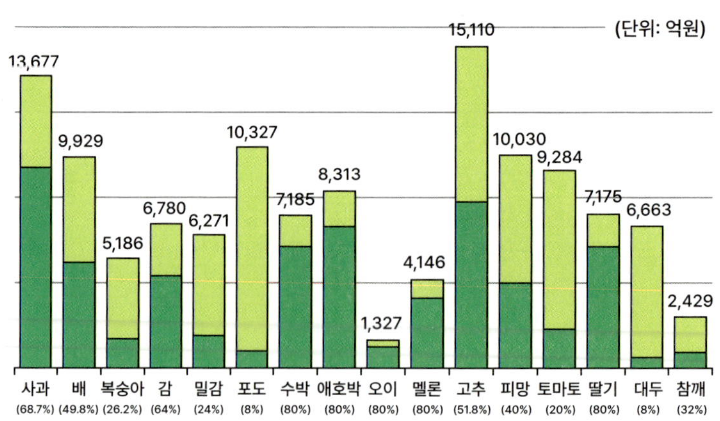

그림 10-2. 우리나라 주요 16개 작물에 대한 꿀벌의 화분 매개 기여 가치(정 등, 2008)

　유엔식량농업기구(FAO, 2008)에 따르면, 전 세계 개화 식물의 87%가 곤충에
의해 꽃가루 수분을 하고, 전 세계 식량의 90%를 차지하는 100대 농작물 중 71%
가 꿀벌의 화분 매개에 의존하여 생산되고 있다. 인류 식량 자원의 영양성분 중
지방의 74%가 벌과 같은 동물의 화분 매개에 의존하여 공급된다는 독일과 미국
(2011)의 분석 결과가 있었으며, 최근 하버드대학(2022)에서는 화분매개체의 감소
로 매년 약 40만 명이 영양실조로 사망한다는 조사 결과를 발표하였다.

3. 꿀벌 화분 매개의 필요성

찰스 다윈은 1876년 다양한 실험을 통해, 식물이 타가수분으로 얻게 되는 장점이
건강한 성장, 빠른 발아와 높은 생존율, 결실률과 번식력의 증가라는 점을 증명하

였다. 그리고 반복된 자가수분은 생존력이 저하되는 퇴화 현상Inbreeding depression
을 유발하는 점도 밝혀냈다.

1892년 미국 버지니아주 배 과수원에서는 단일 품종의 배를 대단위로 재배한
결과로 과실이 열리지 않는 문제에 직면했고, 한 과학자에 의해 단일 품종의 과수
끼리는 꽃가루 수분 작용이 이루어지지 않고, 여러 품종이 혼재해야 수분이 이루
어진다는 사실이 증명되었다.

이후 사과, 배 등의 과수원은 다양한 가루받이나무를 심어서 꽃가루의 유전적
다양성을 높이고, 한편으로는 이러한 꽃가루를 옮겨줄 수 있는 화분매개곤충을
이용하게 되었다. 이는 최근 단위 경작면적이 늘어나고, 단일작목의 대규모 농업
이 주도하면서 더욱 중요한 요소로 부각되었다.

가장 대표적인 사례로, 전 세계 아몬드 생산의 80% 이상을 차지하는 미국 캘
리포니아 북부지역에서는, 봄철 개화하는 아몬드꽃을 수분시키기 위해 미국 전역
의 양봉가들이 수십만 통의 꿀벌을 가득 실은 트럭을 몰고 수천 km를 달려온다.
이들은 벌통당 일정액의 임대료를 받고 꿀벌을 이용한 계획 수분을 주도한다. 이
러한 대단위 농작물 경작지뿐 아니라, 우리나라처럼 작은 면적의 비닐하우스나
유리온실에서 재배하는 딸기, 참외, 수박, 고추 등도 꿀벌의 화분 매개 도움 없이
는 품질 좋은 과실을 생산하기가 어렵다.

그림 10-3. 딸기 시설하우스 내 꿀벌 봉군(좌),
사과 과수원에서 수분 활동 중인 색소 표식 일벌(우)

4. 꿀벌 화분 매개의 특징

꿀벌*Apis* spp.은 다른 화분 매개 곤충에 비해 우수한 화분 매개 능력을 보이는데, 이는 꿀벌의 생물학적 행동 특성에 기인한다. 다음은 다른 주요 화분 매개 곤충(**예** 나비, 파리, 딱정벌레, 기타 벌류)과 비교하여 꿀벌이 화분 매개 활동에서 보여주는 독특한 특징이다.

사회성과 조직적 활동

꿀벌은 대규모 집단(수만 마리의 일벌)으로 생활하며, 여왕벌의 산란과 일벌의 외부 활동이 철저히 분업화되었다. 이를 통해 안정적이고 지속적인 화분 매개 역할이 가능하다.

가위벌류Megachilidae와 같은 단독성 벌은 개별적으로 활동하여 화분 매개 빈도가 낮고, 특정 식물만을 선호하는 경향이 있다. 나비류는 주로 긴 흡입관을 이용해 꽃의 꿀을 먹지만, 몸에 화분이 많이 묻지 않기 때문에 꽃가루 전달 능력이 상대적으로 낮다. 활동 영역은 넓지만 사회성이 없고 애벌레 시기에는 농작물에 피해를 주는 해충이 될 수 있다.

효율적인 꽃가루 수집과 저장

꿀벌은 뒷다리에 꽃가루 바구니Corbicula가 있어 많은 양의 꽃가루를 운반할 수 있다. 또한, 몸 전체가 털로 덮여 있어 꽃가루가 잘 부착하며, 식량을 위해 의도적으로 꽃가루를 모아 벌통으로 가져가기 때문에 꽃가루 전파 기회가 상대적으로 많다.

꽃등에Syrphidae와 같은 파리류는 꽃꿀을 먹으며 꽃가루를 묻힐 수 있지만, 꿀벌만큼 적극적으로 꽃가루를 모으지 않고, 딱정벌레류의 일부 풍뎅이Dynastinae는 꽃을 갉아먹으면서 꽃가루를 옮기지만, 대체로 꽃가루 전파 효율이 아주 낮다. 이들 또한, 꽃을 가해하는 해충이 될 수 있다.

화분 매개 꽃의 다양성과 방문 빈도

꿀벌은 한 번 비행할 때, 같은 종의 꽃을 반복적으로 방문하는 충실도Constancy가 뛰어나다. 이는 식물의 성공적 수정 확률을 높이는 중요한 요소이다.

반면에 뒤영벌*Bombus* spp.은 강한 턱을 이용해 토마토와 같이 암술이 수술 내부에 위치하는 꽃을 진동 수정Buzz pollination하는 데 특화되어 있지만, 꿀벌만큼 넓은 범위의 꽃 종류를 방문하지 않는다. 나방류는 주로 야간에 활동하며 밤에 개화하는 특정 꽃을 찾기 때문에, 화분 매개 역할이 제한적이다.

꽃에 관한 정보 소통

꿀벌은 춤이라는 일종의 언어를 통해 동료 벌들에게 꽃의 위치와 자원 정보를 공유할 수 있다. 그러나 다른 화분 매개 곤충류(나비, 파리, 딱정벌레 등)는 개별적으로 이동하며 자원을 찾기 때문에, 꿀벌만큼 조직적인 화분 매개 활동이 불가능하다.

장거리 비행과 귀소 능력

꿀벌은 방화 활동을 위해 평균 2~5km까지 비행이 가능하며, 특정 조건에서는 10km 이상을 이동할 때도 있다. 또한, 방향 감각과 기억력이 뛰어나 넓은 지역을 효과적으로 탐색하고 반복 방문할 수 있다. 그러나 다른 벌류(가위벌, 뒤영벌 등)는 이동 거리가 짧고, 특정한 환경에서만 활동하는 경우가 많아 꽃가루 수분 범위가 좁다.

파리, 나비, 딱정벌레류는 꽃을 찾는 방식이 비효율적이며, 장거리 이동 후에 같은 장소로 귀소하는 능력이 없어 계획적인 수분도 불가능하다.

양봉의 역사와 현황

1. 양봉과 양봉 산업

양봉養蜂, Beekeeping, Apiculture은 벌꿀과 밀랍을 비롯하여 화분(꽃가루), 프로폴리스, 로열젤리王乳 등 다양한 양봉 산물을 얻거나, 정서 함양을 위한 취미로 꿀벌 봉군을 사육, 관리하는 일들을 통틀어 말한다.

양봉 산업은 각종 양봉 생산물의 생산과 가공, 유통 과정뿐만 아니라, 양봉 기구와 자재의 제작, 판매 그리고 우수한 여왕벌과 봉군을 육성하여 분양하며 농작물의 화분 매개를 위해 꿀벌을 임대 또는 보급하는 일련의 산업을 말한다.

양봉은 다양한 양봉 산물을 생산하여 꿀벌을 사육, 관리하는 양봉가의 경제적 수익을 보장할 뿐만 아니라, 식량 생산과 국민 보건 향상에 큰 역할을 감당하며 생태계와 환경 보전에 일익을 담당한다. 따라서, 세계 어느 나라든지 양봉 산업을 생태계 유지에 중요한 농업으로 인정하고 있으며, 꿀벌을 보호하고 양봉 산업을 육성하는 여러 가지 정책을 펼치고 있다.

2. 세계 양봉의 역사

세계 양봉 역사는 고대부터 현대에 이르기까지 인류의 문명 발전과 밀접하게 연관되었다. 인류 역사 초기부터 꿀과 밀랍은 사람에게 중요한 자원으로 여겨졌으며, 양봉 기술은 시대에 따라 점차 발전하며 체계화되었다.

1921년 스페인의 고고학자 에두아르도H. Eduardo가 스페인 발렌시아 지역의 동굴Cueva de la Araña에서 발견한 암각화는 '여인의 꿀 사냥' 장면을 묘사한 것으로, 세계에서 가장 오래된 꿀 채취에 관한 기록이다(그림 11-1). 이 암각화는 약 8,000년 전 중석기 시대에 제작된 것으로, 이 당시 사람들이 벌집에서 꿀을 어떻게 채취했는지를 보여 준다.

그림 11-1. 8,000년 전의 스페인 동굴 암각화(Public Domain)

인류가 꿀벌을 직접 벌통에서 키우기 시작한 것은, 기원전 약 4,500년으로 추정하고 있다. 고대 이집트인들이 최초에 양봉을 시작한 것으로 알려져 있는데, 기원전 2,400년경의 태양 신전에서 발견된 이집트 벽화에서는, 수직으로 쌓은 점토 벌통에서 벌을 관리하는 모습이 묘사되었다(그림 11-2). 이들은 꿀벌을 통나무나 점토로 만든 통에 키우며 꿀을 수확하는 기술이 있었고, 채취한 꿀은 음식뿐만 아니라 의약품, 제물, 방부제로도 사용하였다.

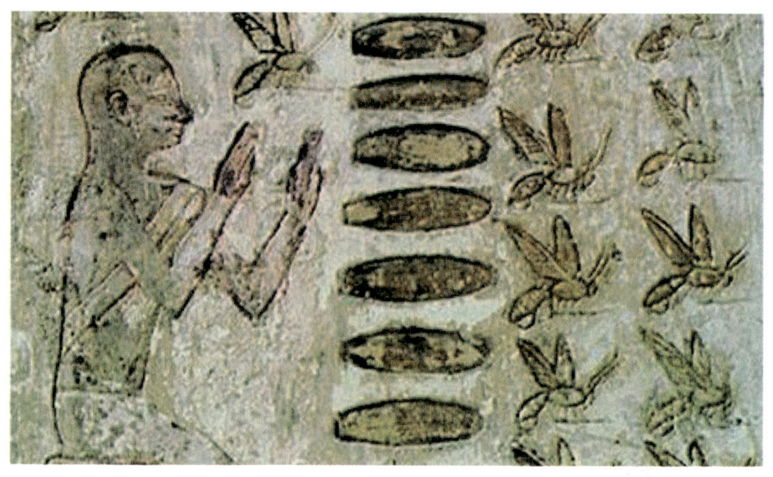

그림 11-2. 기원전 2,400년경 고대 이집트의 양봉 장면(Wikimedia Commons)

이후 고대 그리스와 로마에서도 양봉이 널리 퍼졌는데, 그리스에서는 꿀을 '신들의 음식'으로 여겼으며, 철학자 아리스토텔레스(BC 384~322)는 '동물지Historia Animalium'에서 꿀벌의 행동과 생태에 대해 상세히 기록하였다. 로마 시대에는 양봉 기술이 크게 발전하였고, 꿀은 로마 제국에서 음식의 감미료, 약재, 화장품 제조 등 다방면으로 활용되었다.

유럽에서는 벌은 '신성한 존재(라틴어로 *Sacra Creatura*)'로 여겨져서 가톨릭 수도원에서 양봉이 널리 행해졌고 꿀 채취 기술은 이곳을 중심으로 발전하였다. 이때까지 벌집은 주로 나무통Log이나 짚으로 엮은 바구니Skep 형태로 제작하여 이용하였고, 꿀을 채취할 때는 벌집을 파괴하는 방식이었다(그림 11-3).

그림 11-3. 유럽 양봉의 발달 모습
(왼쪽부터 나무 속 꿀 채취, 스켑 벌통, 로그 벌통, Public Domain)

근대 17세기에 들어 양봉에 관한 본격적인 연구가 시작되었는데, 대표적으로 오스트리아 얀 스바머담J. Swammerdam은 현미경으로 여왕벌을 해부하여 난소와 수란관을 발견함으로써 이것이 암컷임을 밝혔다. 1700년대 스위스의 프란트 후버F. Huber는 실명한 몸으로 하인의 도움을 받아, 꿀벌 연구를 통하여 '꿀벌의 새로운 관찰Nouvelles Observations sur les Abeilles'이라는 책을 출판하였다. 그는 여왕벌이 유일하게 알을 낳는 개체임을 확인하고, 일벌과 수벌의 역할을 명확히 구분하였으며, 꿀벌의 분봉 과정과 여왕벌의 교미 비행에 대한 상세한 기록을 통해, 꿀벌 사회의 구조와 번식에 대한 이해를 도왔다. 1845년 독일의 요한 지어존J. Dzierzon은 꿀벌의 단위생식Parthenogenesis 현상을 처음으로 밝혔는데, 수정된 알은 암컷으로 발육하고 미수정 알은 수컷이 됨을 관찰하여서 일반 생물학의 새로운 지평을 열었다.

1852년 현대 양봉의 아버지라 불리는 미국의 목사이자 양봉가인 랑스트로스 L. Langstroth는 서양꿀벌의 여러 겹 벌집 간격Bee space이 8mm를 일정하게 유지함을 발견하여, 이를 토대로 벌집을 빼내어 볼 수 있는 근대식 사각형의 '가동식 벌통Movable-frame hive'을 발명하였다. 이를 '랑스트로스 벌통Langstroth hive'이라 부르는데, 이동식 프레임 구조를 갖춰서 벌을 방해하지 않고 벌집을 점검하거나, 꿀을 쉽게 수확할 수 있게 되었다. 이 발견은 세계적으로 양봉 산업이 획기적으로 발전하는 계기가 되었다(그림 11-4, 11-5).

그림 11-4. 17세기 이전의 스켑 벌통과 19세기 랑스트로스 이후 현대식 벌통(Public domain)

그림 11-5. 랑스트로스(Langstroth, Public domain)와 그가 개발한 벌통의 구조

1857년 독일의 메어링Mehring은 인공 소초를 발명하였고, 1865년 루스카Hruschka는 원심력을 이용하여 벌집에서 꿀을 분리하는 채밀기를 발명하여 양봉업에 혁신을 가져왔다.

유럽과 아프리카가 원산지인 서양꿀벌은 19세기를 기점으로 북미를 넘어서 전 세계로 확산하고, 유럽의 식민지 시대를 통해 유럽꿀벌이 오세아니아, 아프리카, 아시아 등으로 전파되었으며, 각 지역의 농업 생산과 생태계 유지에 큰 영향을 주었다.

20세기 이후 현대 양봉은 산업화가 확대되면서 꿀과 밀랍 생산뿐만 아니라, 꿀벌을 농업의 화분 매개자로 활용하는 상업적 양봉으로 발전하여, 꿀벌의 역할이 단순한 꿀 생산을 넘어 과일, 채소, 견과류 등 농작물의 수분을 돕는 데 필수적 생산 요소가 되었다.

21세기 들어 세계적으로 꿀벌 개체 수 감소 문제가 심각해지며 양봉 산업은 큰 도전에 직면하였고, 환경 변화와 생태계 문제를 해결하기 위해 환경과 생태계에 친화적이고 지속 가능한 양봉 방식이 모색되고 있다.

3. 세계 양봉 현황

전 세계에 현재 약 9,000만~1억 꿀벌 봉군이 있으며, 대규모 양봉 산업 국가는 중국, 터키, 아르헨티나, 미국, 이란, 인도, 우크라이나, 에티오피아 등이다. FAO(유엔식량농업기구) 자료에 따르면, 2023년 세계 꿀 생산량은 연간 약 190만 톤에 달한다.

주요 국가별 양봉 산업 현황을 보면 중국이 세계 꿀 생산량의 25~30%를 차지하는 세계 최대 양봉 산업 국가로서, 연간 꿀 생산량은 약 60만 톤으로 2위 튀르키예의 3배 이상에 이른다. 중국의 양봉 산업은 대규모 기업 양봉이 많고 꿀 수출량도 세계 1위이며, 꿀 외에 로열젤리, 프로폴리스, 밀랍 생산도 활발하다.

튀르키예는 연간 꿀 생산량 12~15만 톤으로 세계 2위이며, 야생벌과 전통 방식의 양봉농가 비율이 높고 지중해·흑해 연안의 자연환경을 활용하여, 고품질 천연 벌꿀 생산에 주력한다. 유럽 최대 규모로 약 900만 봉군을 갖고 있다.

남미 아르헨티나의 연간 꿀 생산량은 약 8~9만 톤으로 세계 3~4위권이며, 대부분이 수출용으로 유럽과 미국에 공급한다. 미국도 기업화된 양봉이 많고 연간 꿀 생산량이 약 7~8만 톤에 이르지만, 꿀 생산보다는 주로 임대 양봉에 의한 농작물 꽃가루 수분에 주력한다. 특히 캘리포니아의 아몬드 농장에서 화분 매개용 봉군의 수요가 많다. 최근 꿀벌 개체 수 감소가 심각한 문제로 대두되고 있다.

인도는 신흥 양봉 강국으로 연간 꿀 생산량 6~7만 톤 수준이지만, 기후가 다양하여 여러 종류의 꿀을 생산할 수 있다. 최근 정부 주도로 양봉 산업이 성장하고 있어, 중국의 경쟁 꿀 수출국으로 부상할 것으로 보인다.

유럽연합EU은 세계 최대의 꿀 소비 시장이며, 전체 생산량은 연간 20~30만 톤에 달한다. 독일, 스페인, 헝가리, 우크라이나 등이 주요 생산국이다. 벌 개체 수 감소 문제가 발생하여 일부 살충제 사용을 규제하고 있으며, 꿀벌을 위한 환경 보호 정책과 함께 친환경 양봉 또는 유기 양봉을 장려하는 추세에 있다.

4. 우리나라 양봉의 역사와 현황

한반도에서 초기 양봉에 대한 기록을 찾기는 쉽지 않다. 그러나 고구려 동명성왕 때 동양꿀벌*Apis cerana*이 인도로부터 중국을 거쳐 들어 왔다는 기록과, 백제 태자 여풍餘豐이 일본에 양봉 기술을 전수했다는 기록 등이 전해 오는 것을 볼 때, 삼국시대 이전부터 한반도에서 양봉이 이루어졌다고 볼 수 있다. 특히 삼국시대 초기에 불교가 국내로 전파되고 중국은 물론 동남아시아 일대의 문명과의 교류가 활발했던 점을 볼 때, 이미 다양한 양봉 관련 기술과 문물, 심지어는 벌통의 교류도 있었을 것으로 추정된다.

삼국사기에는 목밀木蜜과 석밀石蜜을 채취했다는 기록이 있고, 고려시대에는 불교 사찰에서 키우는 꿀벌을 사봉寺蜂이라 불렀고, 꿀과 밀랍을 생산하여 경제적 자립의 수단이 되기도 하였다. 당시 팔관회 등 불교 행사에 유밀과(꿀떡)가 유행했고, 고려 명종 때에는 궁중 외에는 유밀과를 사용하지 못하도록 하는 금지령이 내려질 만큼, 벌꿀은 인삼, 녹용 등과 같은 귀한 영약으로 여겨졌다.

조선시대 세종 때 중국의 양봉 관련 기술서를 번역하여 배포하였고, 실학자였던 성호 이익1681~1763 선생은 양반으로 직접 양봉을 하면서 『성호사설』星湖僿說, 1720~1756을 통해 꿀벌의 행동 습성과 꿀 채취법에 대한 자세한 기록을 남겼다. 그는 봉군을 통제하는 존재(여왕벌)가 있음을 밝혔고 이것이 암컷일 것이라고 추정하였다. 조선 중기의 명의 허준이 집필한 『동의보감』東醫寶鑑, 1613에도 다양한 벌꿀과 벌집의 약리 작용과 질병 치료 방법이 서술되어 있다.

조선시대 말기 1900년대 초에 윤신영 선생이 독일에서 유학하고 귀국하는 길에 유럽 서양꿀벌*A. mellifera*을 가지고 들어왔고, 비슷한 시기에 독일 선교사 구걸근Kügelgen 신부가 일본을 거쳐 서양꿀벌을 우리나라에 도입하여서 본격적인 서양꿀벌에 의한 양봉이 이루어졌고, 전통적인 토종벌로 불리는 동양꿀벌과 달리, 서양꿀벌은 생산성이 높아 꿀과 밀랍 생산에 있어 큰 잠재력을 보여 주었다.

일제강점기1910~1945에는 일본이 양봉 기술을 보급하여 꿀 생산성을 높이려 했지만, 우리나라 양봉 산업은 일본의 수탈 정책 아래서 농가에 크게 확산하지 못하고 제한되어 간신히 유지하는 정도였다.

해방 이후1945~1960에는 농업 전반의 재건 노력과 함께 양봉 산업도 다시 주목받기 시작하였지만, 6·25동란과 사회 혼란으로 인해 침체하였다가 1960년대 경제개발 계획과 함께 양봉 산업은 현대화의 길로 접어들어 정부와 협회, 조합이 양봉농가에 서양식 벌통과 양봉 기술을 적극적으로 확산하여 산업화를 촉진하였다. 이에 따라서 꿀, 로열젤리, 화분, 밀랍 등의 생산량이 증가하며 양봉이 농가의 단순한 생계 수단에서 중요한 농산업으로 자리 잡았고 농촌 지역에서는 양봉이 부업으로도 성행하였다.

1980년대 이후, 양봉은 전문화된 농업으로 자리 잡았고, 벌꿀 외에 화분, 로열젤리, 프로폴리스 등이 다양한 부가가치 상품으로 개발되는 한편, 꽃가루 수분자로서 꿀벌의 중요성이 강조되었다. 1990년대 이후, 환경 문제와 꿀벌의 감소가 주목받으면서 양봉 육성을 위한 관심과 지원 정책이 이루어졌다.

2000년대에 들어서 우리나라 양봉 산업은 꿀벌 개체 수 감소, 기후 변화, 병해충 문제 등 어려움에 직면해 있어, 기술 개발과 정책 지원을 통한 지속적인 양봉업의 성장을 모색하고 있다. 2020년 8월 「양봉 산업의 육성 및 지원에 관한 법률」이 시행되어 양봉 산업의 체계적인 육성과 지원이 가능해졌으며, 밀원식물 확충, 전문 인력 양성, 꿀벌 질병 관리 등 다양한 분야에서 양봉 산업의 발전을 위한 법적 기반이 마련되었다.

최근 우리나라 양봉은 꿀 생산뿐만 아니라 농작물 수분에도 중요한 역할을 하고 있어 배, 사과는 물론, 시설 딸기, 참외, 수박 등 과수·채소 농업에서 꿀벌에 대한 화분 매개 의존도가 높다. 또한 로열젤리, 프로폴리스, 화분花粉 등 부가가치가 높은 시장도 확대되는 추세에 있다. 연간 약 280만~300만 꿀벌 봉군이 사육되고 있고, 서양꿀벌과 양봉꿀벌을 사육하는 등록 양봉농가는 약 3만 가구로 전체 농업인의 약 4%를 차지한다(그림 11-6).

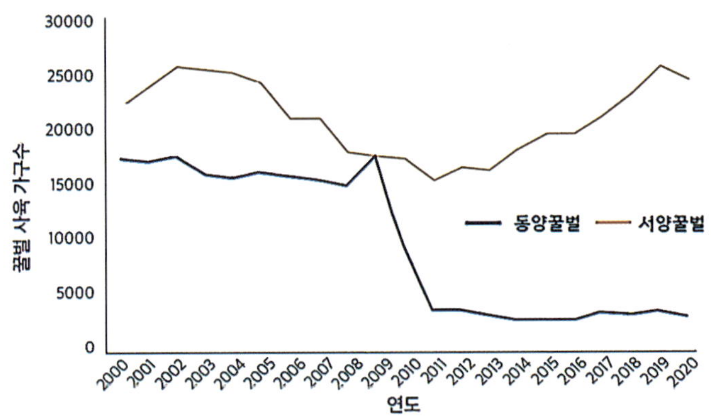

그림 11-6. 국내 동양꿀벌과 서양꿀벌의 사육 농가수 변동(2017, 농촌경제연구원)

2017년 국내 양봉 산물별로 생산 시장 규모를 분석한 결과, 당시 꿀 생산액은 전체 생산액 5,527억 원의 67%인 3,711억 원이었고(그림 11-7), 2020년에는 전체 생산액이 6,000억 원 이상으로 증가하였다. 해마다 변동이 크지만, 최근 국내 연간 평균 꿀 생산량은 약 2만~2만 5천 톤이며, 값싼 중국, 베트남 꿀의 수입량이 점차 늘어나고 있다. 2029년이 되면 베트남 꿀은 비관세로 수입이 전면 개방될 예정이다.

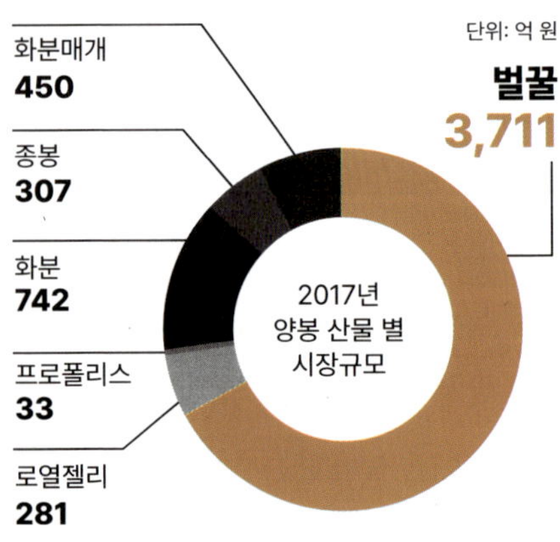

그림 11-7. 양봉 산물별 생산시장 규모(2017, 농촌경제연구원)

기본 봉군 관리

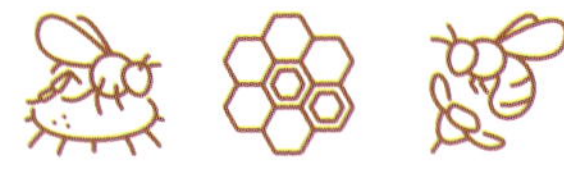

1. 사전 준비

본격적인 봉군 관리와 양봉을 시작하기에 앞서 꿀벌의 생태와 습성, 양봉의 기초 이론, 밀원식물, 생산과 품질관리 등에 대해 다양한 지식과 정보를 습득해야 한다. 그리고 본인의 사회적, 경제적 여건과 환경에 따라 적정한 사육 봉군 수를 결정해야 한다. 또한, 새로 조성할 양봉장의 입지 조건과 근처 밀원식물의 분포를 판단하는 것이 중요하다. 처음에는 적은 수의 봉군을 관리하면서 점차 다양한 이론과 경험을 체득한 후에, 적정 사육 봉군 수와 규모를 결정하는 것이 합리적이다.

성공적인 양봉을 위해 필요한 조건은 풍부한 밀원과 우수한 꿀벌 품종, 합리적인 관리 기술이다. 또한 연중 특히 유밀기에 양호한 기상 조건이 수반되어야 봉군 발육과 증식이 순조롭고 벌꿀, 화분 등의 생산성을 높일 수 있다.

양봉장 선정

꿀벌은 벌통을 중심으로 사방으로 날아다니며 화밀과 화분을 수집한다. 밀원 환경이 여의찮으면 4km 이상 원거리까지 날아가기도 하지만, 적극적인 수집을 위해 벌통을 중심으로 2km 반경 안에서 활동하는 것이 일반적인데, 그 면적은 약 1,300ha에 달한다. 이 반경 내에서 주요 밀원식물이 가급적 가까운 곳에 집단으로 분포하고, 밀원식물의 개화기간이 긴 곳일수록 꿀 생산에 유리하며, 또한 연중 연속적으로 다양한 밀원이 있는 곳이 꿀벌을 키우기에 좋다.

전업 또는 겸업 양봉으로 100여 봉군 이상을 관리하고자 할 때는 해당 지역에 충분한 아까시나무, 밤나무, 피나무, 때죽나무, 벚꽃, 싸리, 메밀, 유채 등 주 밀원과 여러 보조 밀원이 널리 분포하는 산간지역이나 산간에 인접한 곳이 적지가 될 수 있다.

주변의 밀원식물 외에도 양봉장Apiary을 선정하기 위해 다음과 같은 지형 조건도 고려해야 한다.

1. 햇볕이 잘 드는 곳

양봉장은 남쪽과 동쪽으로 널찍하게 펼쳐있어 햇살이 잘 비치고, 그 방향에 큰 장애물이 없는 곳이어야 한다. 그리고 북쪽이나 서쪽에는 낮은 산이나 언덕 또는 건물이 있어 찬 바람을 막을 수 있는 곳이 좋다. 또한, 양봉장에 습기가 많으면 질병이 발생하기 쉽고 번식에 불리하므로 습한 곳은 피해야 한다.

2. 평탄한 곳

양봉장은 평탄한 곳이어야 접근과 관리가 편하다. 산간에 양봉장을 선정할 때는 밀원이 있는 산 위쪽이나 계곡보다는 아래쪽의 낮고 평탄한 곳이 좋다. 일벌의 외역 활동이 원활할 수 있기 때문이다.

3. 강, 호수에 인접하지 않은 곳

양봉장 가까운 거리에 큰 못이나 넓은 강이 있는 곳은 좋지 않다. 외역 활동하는 일벌들이 빠져 죽거나, 또는 처녀 여왕벌이 교미 비행할 때 물로 떨어져 죽는 수가 있다. 그리고 수해가 우려되는 개울가, 강변도 피해야 한다.

벌통 배치

양봉장을 선정한 후 벌통의 배치도 합리적으로 해야 한다. 꿀벌의 활동에 유리하고 봉군 관리 작업에 편리하며, 제한된 면적을 효율적으로 사용할 수 있도록 해야 한다. 양봉장의 위치 및 지형에 따라 벌통 출입구巢門의 방향을 정한다. 꿀벌의 출입 활동에 지장이 없으면 남향이 좋다.

벌통 놓을 곳은 시멘트나 블록으로 포장하거나 나무 등 받침대를 놓고 벌통을 설치하되, 벌통은 비가 올 때 빗물이 출입문으로 흘러드는 것을 방지하기 위하여 약간 앞으로 숙여 놓는 것이 좋다. 벌통의 주위는 잡초를 정리하고 배수가 잘되도록 모래를 깔아놓는다. 또 강풍이 불 때 벌통 덮개가 날아가지 않도록 줄로 고정하거나, 무거운 블록이나 돌 등을 올려놓아야 한다.

벌통 사이의 간격은 적당한 통로와 작업 공간이 생기도록 배치한다. 소규모 양봉장인 경우는 벌통을 모두 일렬로 배치하기도 하지만, 규모가 큰 양봉장에서는 벌통 입구의 방향을 달리하여 여러 열로 배치하는 게 좋다. 양봉장 곳곳에 다양한 나무를 심어 꿀벌의 방위 감각에 도움을 줄 수 있다. 또한 벌통마다 다양한 색으로 칠해두면 일벌들이 자기 집을 찾는 데 도움이 된다.

봉군 선택과 구입

사육하는 꿀벌의 품종과 혈통에 따라 양봉 관리와 생산성이 크게 좌우된다. 꿀벌의 형질이 좋지 못하면, 봉군의 발육이 부진하고 질병 발생이 빈번하며 생산성이 떨어질 뿐 아니라, 봉군 관리에도 많은 시간과 노력을 소모한다. 그러므로 환경에 맞게 선발한 우량한 봉종蜂種, Honeybee stock의 봉군을 분양받는 것이 중요하다.

현재 우리나라에서 사육하고 있는 꿀벌 종種은 동양꿀벌과 서양꿀벌으로 나뉘는데, 특별한 목적이나 취향이 없는 경우에는 서양꿀벌을 사육하는 것이 일반적이다. 우리나라뿐만 아니라 세계적으로 서양꿀벌은 아종(亞種) 수준에서 이탈리안, 코카시안, 카니올란 등 3개 우수 보급 계통을 많이 사육하는데, 그중 이탈리안 계통이 대부분을 차지하며 이들은 대부분 잡종화되었다. 이탈리안의 황색 형질은 코카시안, 카니올란의 흑색에 대해 우성이므로 잡종에서도 황색으로 나타난다. 봉군을 분양받을 때 구체적으로 점검할 사항은 다음과 같다.

① 여왕벌은 1년생 이하로 체구가 크고 산란력이 왕성해야 한다. 젊고 건강한 여왕벌은 복부의 표면에 가는 털이 밀집해 있고 날개가 투명하고 윤곽이 뚜렷하지만, 늙은 여왕벌은 복부에 미세한 털이 없어 광택이 난다. 그리고 여왕벌이 생산한 일벌은 질병이 없고 성질이 온순하며 수밀력이 왕성해야 한다.

② 봄철에 구매할 때, 봉군을 구성하는 일벌 수효가 적어도 10,000마리 이상이어야 한다. 일벌의 수는 대략 맨눈으로 관측할 수 있다. 즉 1매 벌집(소비)의 양면에 일벌이 부착하여 벌집 면을 덮을 정도이면 약 2,000마리 정도(중량 200g)이므로 이 같은 벌집이 5매 이상이면 충분하다. 일벌이 빽빽이 붙은 벌집 1매는 유밀기에 4~5매까지 증식할 수 있다. 그러므로 가격이 비싸더라도 일벌이 많은 강군을 구하는 것이 유리하다.

③ 육아가 활발해야 한다. 구매할 때 알과 유충, 번데기가 자라는 중앙 벌집의 육아권이 넓은 타원형을 이루고 있는 것이 좋다. 이 육아권은 중앙부가 가장 크고 외측으로 갈수록 작아지며, 외측 벌집에는 육아권을 형성하지 않는 것이 보통이다. 그리고 육아권에는 봉개된 번데기가 많을수록 유리하다.

④ 적당한 식량이 있어야 한다. 벌통 내 저장 꿀은 운반 중 필요한 먹이와 주 밀원이 개화하기까지 필요한 먹이가 저장되어 있으면 충분하다. 먹이가 적을 경우에는 구매 후, 밀원이 개화하기 전까지 먹이를 공급해야 한다.

⑤ 새로 시작하는 양봉장에서 5km 이내 거리에서 봉군을 구매할 때는, 한동안 먼 곳에 옮겼다가 배치하는 등 별도의 조치가 필요하다. 꿀벌을 4~5km 이내로 곧바로 이동하였을 때는, 기존 장소에 익숙해 있던 일벌들이 원래 살던 장소로 다시 돌아가기 때문이다.

⑥ 벌통은 한 장소에 배치한 다음에는 양봉장 내에서 함부로 이동하지 말고, 봉군이 도착하기 이전에 벌통을 놓을 장소를 미리 결정해야 한다.

⑦ 봉군 구매 시기는 연중 가능하지만, 경영적인 측면에서는 봄철, 특히 벚나무와
아까시나무의 유밀기 1개월 이전인 3월~4월이 유리하다.

사육 봉군 규모

양봉의 경영 규모를 사육 봉군 수와 수입 비중에 따라 구분하면 다음과 같다.

1. 취미

취미 목적으로 2~10군을 사육하는 것으로 꿀 등 생산물은 자가 소비한다.

2. 부업

농업이나 기타 직업을 주업으로 하면서, 여가를 이용하여 20~50군으로 양봉을
하면서 생산물 수입을 가계의 일부에 충당한다.

3. 겸업

일정한 직업에 겸하여 100~200군으로 양봉을 하며, 수익금은 가계의 절반 정도
차지한다.

4. 전업

200~300군 이상으로 양봉을 경영하면서 생계의 전부 또는 절반 이상을 양봉 수
입에 의존한다.

관리할 봉군 규모는 각자의 시간적, 경제적 여건에 따라 결정할 수 있으며 또
한, 해당 지역의 밀원 상황과 양봉 경험과 기술력도 고려해야 한다. 소규모 양봉
은 많은 자본이 들지 않지만, 규모가 커지면 많은 자본이 필요하다. 양봉을 시작
하는 데 필요한 자본은 토지와 봉군, 양봉 기구 등을 구매하는 고정자본과 봉군
을 사육하고 증식하고, 이동하며 채밀하는 데 필요한 유동자본이다.

이와 더불어 고정 관리와 이동 생산 여부를 결정해야 한다. 고정 양봉은 채밀을 위해 벌통을 다른 지역으로 옮기지 않고, 한 장소에 머물러 관리하는 것을 말한다. 벌통을 이동하는 운송비용이 들지 않고 봉군 관리가 매우 편하다. 그러나 이동 양봉에 비해 생산성이 떨어진다.

한편, 밀원식물의 개화기에 따라 봉군을 이동하며 여러 번에 걸쳐 채밀하는 것을 이동 양봉이라고 한다. 예전에는 봄에는 제주도나 남쪽 지방의 유채, 자운영 꽃을 찾아 이동하고 5월 아까시나무, 6월 밤나무, 7~8월 싸리, 피나무, 가을에 메밀이 있는 지역을 찾아 이동하였다. 최근에는 우리나라 최대 밀원인 아까시나무의 개화 시기에 맞춰 남부 지역부터 중북부 지역으로 이동하며 채밀하는 이동 양봉이 주를 이룬다.

2. 꿀벌 취급 요령

꿀벌을 잘 키우기 위해서는 벌통의 안과 밖에서 벌의 활동을 자세히 관찰하고, 꿀벌의 세력을 왕성하게 하여 외부 활동과 번식이 잘되는 환경을 조성해야 한다. 집단 사회를 이루는 꿀벌의 생태와 습성을 충분히 이해하기 위해서는 많은 경험이 필요하다.

벌은 위협을 느끼면 사람을 쏘기 때문에, 꿀벌을 취급할 때는 항상 침착한 자세로 임하는 것이 중요하다. 벌통 내부를 관찰할 때는 복면포를 착용하고 훈연기를 사용하는 것이 일반적이다. 또한, 벌에 대한 두려움으로 당황하여 벌을 자극하는 행동은 삼가야 한다. 꿀벌을 다룰 때 주의해야 할 점은 다음과 같다.

① 꿀벌은 조심해서 다루고, 벌통에는 충격을 주지 말아야 한다. 내검 과정에서 벌통과 벌집에 충격을 주면 일벌들의 공격성이 강해진다.
② 필요 없이 벌통 앞을 막아서서 일벌의 비행 진로를 방해하는 일을 삼가야 한다. 벌통 문 앞에서 진로를 방해하면, 벌들이 흥분할 수 있다.

③ 벌통 내부를 관찰할 때는 가능한 신속하게 작업을 마쳐야 한다. 장시간 내부를 노출하면 벌통 내부 환경이 변하여 꿀벌 활동에 혼란을 일으키고, 봉군 내부 온도가 떨어져 애벌레 발육에 지장을 초래할 수 있다. 또한, 무밀기에 식량이 부족할 때는 도봉(도둑벌)이 발생할 수 있다.

④ 꿀벌은 냄새에 매우 민감하므로, 벌통을 살필 때 술로 인한 알코올 성분이나 향기가 진한 향수, 화장품 냄새가 나면 이에 자극받아 공격성이 높아진다.

⑤ 특별한 목적이 없다면 벌통의 위치를 2m 이상 일시에 이동하거나 방향을 함부로 바꿔서는 안 된다. 꿀벌은 집의 위치를 방위 감각으로 기억하고 있으므로 벌통의 위치와 방향이 갑자기 바뀌었을 때 자기 집을 찾지 못한다.

⑥ 만약 벌침에 민감한 사람이 꿀벌에 쏘였을 때는 빨리 침을 제거한 후 암모니아수를 바르고, 봉독에 과민 반응하여 호흡곤란 등 이상 증상이 오면, 항히스타민제를 복용하고 병원으로 즉시 후송해야 한다.

3. 봉군의 관찰

외부 관찰

벌통 문으로 드나드는 꿀벌의 수와 활동을 관찰하는 데 오랜 경험이 쌓이면, 대략적인 봉군 세력과 수집하는 꿀과 꽃가루의 양을 추정할 수 있다. 벌통 문 앞에 벌이 죽어있을 때는 그 모습에서 질병에 의한 것인지, 농약 중독인지 먹이가 떨어져 굶어 죽은 것인지, 말벌의 공격으로 희생된 것인지를 판단할 수도 있다. 한편으로 일벌들이 출입문 앞에서 서로 싸우는 모습을 통해 도봉의 발생을 판단할 수 있다.

봄철 문 앞에서 비행 연습을 하는 어린 일벌들을 구별할 수 있고, 양봉장 위로 많은 일벌이 원을 그리며 맴도는 모습에서 자연분봉의 시작을 예측할 수 있다. 이처럼 벌의 외부 활동을 통해 봉군 내부의 상황을 유추하는 것이 가능하다.

내부 관찰

벌통의 내부를 꼼꼼히 살펴보는 것은 봉군 관리에서 매우 중요한 일이다. 내부 관찰 결과에 따라 어떤 관리를 할지 결정하게 된다. 벌통 내부를 살피는 기간은 계절에 따라 다르고 벌을 키우는 사람의 숙련도에 따라서도 달라질 수 있다. 초보자는 봄부터 가을까지 최소한 일주일 간격으로 내부를 점검하는 것이 필요하다. 내부 관찰을 통해 확인할 내용은 일벌의 수(봉군 세력), 여왕벌의 유무, 산란과 애벌레 발육 상황, 꿀과 꽃가루의 저장 상태, 질병 발생 여부, 죽은 벌과 사망 유형 등이다. 벌통 속을 살피며 점검하는 일반적인 과정은 다음과 같다.

① 벌통 뚜껑을 열고 속 덮개를 서서히 젖힌 후, 훈연기로 벌집 위로 가볍게 연기를 뿜은 다음 천천히 벌통 내부를 살핀다.

② 벌통 내부의 청결 상태와 습기 여부를 점검하고 너무 습하면 환기가 잘되도록 조치해야 한다. 일벌이 벌집에 붙은 양을 관찰하여 이전 일벌 수와의 차이를 비교한다.

③ 벌집틀 양쪽 끝을 벌통 끌개로 움직여 서로 붙어있는 벌집틀을 떼어낸 다음 양손으로 벌집을 수직으로 조심해서 빼어내어 관찰한다. 벌집을 눕히면 꿀과 화분이 아래로 떨어질 수 있으므로 수직 상태를 유지해야 한다(그림 12-1).

그림 12-1. 벌통 내부 관찰 모습

④ 먹이는 충분히 있는지 살피고 타원형의 구역에 정상적인 산란과 애벌레 발육
　이 이루어지고 있는가를 확인한다(그림 12-2).

⑤ 여왕벌이 있는지를 확인하는데, 여왕벌을 찾지 못하더라도 정상적으로 산란
　한 알과 애벌레가 보이면 여왕벌이 정상 활동을 하는 것으로 판단한다.

⑥ 왕대王臺가 있는지 확인할 때는 일벌 무리에 가려져 보이지 않을 수 있으므로,
　벌집틀 끝을 양손으로 잡고 가볍게 한두 번 정도 벌을 흔들어 털어내고 관찰
　해야 한다. 왕대를 제거할 것인지 아니면, 왕대와 함께 일벌 무리 일부를 다른
　빈 벌통에 넣어서 분봉시킬 것인지를 결정해야 한다.

⑦ 벌통 속 살피는 작업이 끝나면 원래대로 벌집틀을 서로 밀착시키고 덮개와 뚜
　껑을 덮는다.

그림 12-2. 벌집의 육아(중앙), 저밀(가장자리) 구역

4. 봉군 사양 관리

꿀벌의 체온

꿀벌은 다른 곤충과 마찬가지로 변온동물로서, 항상 일정 체온을 유지하지 못하
고 환경 조건과 활동 상황에 따라 체온이 변한다. 일반적으로 변온동물들의 체온

은 대개 주위 온도보다 약간 높다. 어류, 양서류, 파충류, 무척추동물들이 이에 해당하며 조류나 포유류 등의 항온동물온혈동물과 구별된다.

꿀벌은 외부 환경의 변화에도 불구하고 개체와 군체 수준에서 체온을 적절하게 조절하는 능력을 갖추고 있다. 개별 일벌은 육아 활동 중 체온을 34~36°C로 유지하며, 비행을 시작하기 위해서는 최소 30°C 이상의 체온이 필요하다.

꿀벌은 알에서 부화한 애벌레를 양육하는 육아 활동을 할 때는 체온을 34.5°C로 유지한다. 일벌이 꿀, 화분을 수집하는 외부 활동을 위해 날아다닐 때의 체온은 29.5°C로 나타난다. 겨울철 혹한기에 꿀벌이 육아 활동과 외부 외역 활동을 중지하고 벌통 안에서 공처럼 뭉쳐서 봉구蜂球를 형성하는데, 이때 봉구의 내부 중심의 온도는 21°C이며 맨 바깥에 있는 일벌의 체온은 최저 5°C에 이를 수 있다. 혹한기에 외부 일벌의 체온이 5°C 이하로 떨어지면, 스스로 발열 활동을 하지 못하고 결국 동사凍死한다(표 12-1).

표 12-1. 서양꿀벌의 체온 변동

체온(°C)	꿀벌의 활동(상태)
45°C 이상	고온 폐사
38°C 이상	고온 피해 위험, 선풍 활동 시작
34.5°C	적정 육아 온도
29.5°C	비행 시 체온
25~35°C	비행·산란 활동 최적 구간
21°C	월동 봉군 중앙 온도
15~20°C	활동 제한, 비행 준비 예열 필요
10°C 이하	비행 불가능, 저체온으로 마비
5°C	월동 봉군 외곽 온도
5°C 이하	동사(凍死)

꿀벌의 발열 활동

꿀벌은 체온을 높이기 위해 가슴에 있는 근육을 진동하여 능동적으로 발열 활동을 한다. 이 과정을 보면 가슴에 있는 호흡기관Trachea으로 공기를 흡입한 후 가슴 근육 진동으로 열을 발생하고, 이어서 몸 마디를 팽창하면서 가슴 쪽의 덥힌 공기와 혈액을 복부로 내려보내어 몸 전체의 체온을 높인다. 이는 추운 날씨에 벌통 외부에 앉아 있는 일벌이 가슴과 복부를 신축, 팽창하면서 호흡과 발열 활동을 하는 모습에서 쉽게 관찰할 수 있다(그림 12-3).

열화상 장치를 통해 보면, 벌집을 벌통 안에서 육아 활동을 하는 일벌의 가슴과 발육하는 애벌레 방에서 상대적으로 밝은색을 띤 높은 온도가 나타나고, 일벌의 복부와 빈 벌집에서는 청색의 낮은 온도를 확인할 수 있다(그림 12-4).

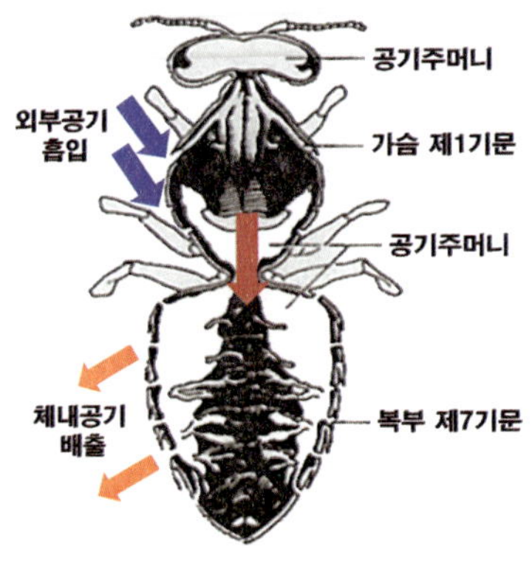

그림 12-3. 꿀벌의 가슴 근육의 발열과 호흡 공기 순환 경로

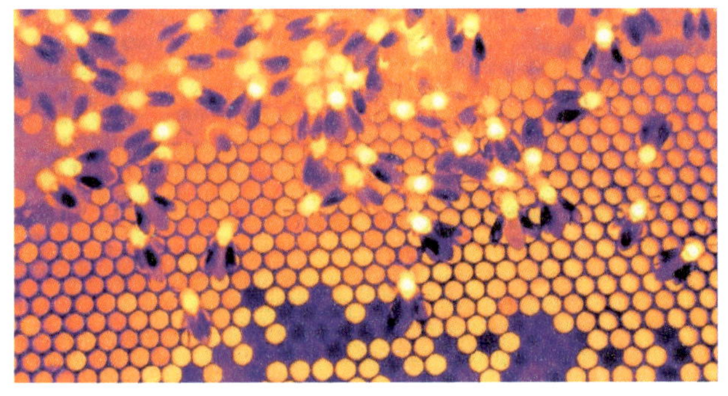

그림 12-4. 벌집 육아권의 일벌 발열 활동(flirkorea.com)

이른 봄철 여왕벌이 산란을 시작할 무렵, 봉군 내부에서 충분한 육아 온도를 유지할 수 있게 하려면, 벌집 수효를 과감히 축소하여 봉군이 밀집하도록 유도하는 것이 봄철의 봉군 관리에 매우 중요한 일이다. 적정 육아 온도에서 $0.5^{\circ}C$ 이상 벗어나면, 유충과 번데기의 정상 발육에 영향을 줄 뿐 아니라, 성충이 된 이후의 건강 유지에도 지장을 초래한다. 상대적으로 낮은 육아 온도에서 자란 성충은 농약 독성에도 감수성이 큰 것으로 알려져 있다.

봉군 내부 온도가 지나치게 상승하면, 일벌은 날갯짓으로 더운 공기를 뽑아내거나 물을 반입하여 냉각 효과를 통해 온도를 낮추는 데 힘쓴다. 이러한 노동을 줄이기 위해서는 여름철 고온기에 벌통을 그늘지게 하고, 내부 공간을 넓히며 환기 통로를 확보해 주는 것이 필요하다.

먹이 공급

1. 당액 공급

꽃에서 분비되는 꽃꿀의 당 함량은 20~80%로 꽃과 환경에 따라 차이가 크다. 일벌이 꽃꿀을 수집하여 침에 함유한 당분해 효소와 혼합하여 자당을 포도당과 과당으로 분해하고, 수분 함량을 20% 이하로 농축시켜 저장한 것이 꿀이다. 보통 꿀벌 한 통이 생존하는 데 연간 60~80kg의 꿀이 필요한데, 꿀이 부족할 때(무밀기, 월동기)에는 여분의 꿀이나, 설탕을 물에 녹인 당액을 먹이로 공급해야 한다.

당액을 만들 때는 주로 식용 백설탕을 사용하며, 설탕과 물의 혼합 비율은 보통 1:1~2:1(설탕:물)로 사용한다. 설탕 용액의 농도는 공급 목적에 따라 다르다. 먹이가 부족하여 꿀 대용 먹이로 보충해 줄 때는 1.5:1로 하고, 굶주린 벌에게 식량으로 사용할 때는 2:1 비율로 한다. 월동용으로 당액을 공급할 때 2:1 당액은 굳을 수 있으므로 1.5:1이 적당하다. 봄철 여왕벌의 산란을 촉진하고, 일벌의 외역 활동을 자극하기 위하여 소량의 당액을 공급하는 것을 자극 사양이라고 하는데, 이때는 1:1~1.3:1 농도가 적합하다.

당액을 공급하는 방법으로는, 벌통 안 외곽에 넣어주는 벌집 크기의 광식 사양기에 직접 부어주는 방법(그림 12-5)과 벌통 소문에 출입구 사양기를 끼워 넣어 공급하는 방법이 있다. 대규모 양봉을 할 경우에는 대형 탱크에 당액을 저장하고, 가는 파이프와 노즐을 통해 당액을 벌통에 자동으로 공급한다(그림 12-5).

2. 대용화분 공급

단백질은 일벌 애벌레가 발육하거나, 성충 꿀벌의 조직을 형성하는 데 필수적이다. 단백질 공급원인 화분花粉이 부족하면 애벌레의 발육이 부진하고, 여왕벌이 산란을 중단하여 봉군 번식이 멈춘다. 화분의 단백질 함량은 식물에 따라 6~28%로 차이가 크다. 일벌 한 마리가 성장하는 데 필요한 화분은 125~145mg이고, 한 벌통에서 연간 약 15~55kg을 소비한다.

월동 후 이른 봄이나 여름철 장마가 오래 계속되면, 애벌레 발육에 필요한 단백질인 화분이 부족하여 봉군마다 추가로 공급해야 한다. 비용을 절약하기 위해 보통 대용화분으로 화분 떡을 만들어 주는 데, 이는 건조 화분의 일정량(25~40%)에 탈지 콩가루, 카제인, 맥주 효모, 탈지분유 등을 혼합하여 꿀 또는 2:1의 설탕 용액으로 반죽한 것이다. 직접 만들거나, 시판하는 화분떡을 구매하여 사용한다. 1kg 정도의 양을 벌집틀 위에 얹어 주고(그림 13-1 참조), 말라서 굳지 않게 비닐을 덮어주어야 한다.

그림 12-5. 당액 공급을 위한 광식 사양기(좌)와 벌통 옆면의 자동 사양기(우)

봉군 세력 조절

봉군을 구성하는 일벌 수를 세력이라고 하는데, 봉군 집단이 산란과 육아, 먹이 수집 활동을 원활히 수행하기 위해서는 적정한 세력을 유지해야 한다. 효율적으로 사육 관리하기 위해서, 봉군이 적정 세력의 이하일 경우에는 다음과 같이 합봉이나 세력 고르기를 해야 한다.

1. 합봉

벌통에 있는 일벌의 수가 적어서 강한 세력으로 회복이 어려울 때, 또는 여왕벌이 갑자기 없어졌거나 여왕벌 산란능력이 떨어져 특별한 조치가 필요할 때는 과감히 봉군을 합쳐야 한다. 벌을 합할 때 약한 벌을 강한 벌에 합해주고, 무왕군을 유왕군으로 합하는 것이 원칙이다. 합봉 작업 시간은 일벌이 외부 활동을 마치는 저녁 무렵이 적당하다.

꽃꿀이 풍부한 유밀기에는 합봉이 쉽지만, 꿀이 없는 무밀기에는 벌들 사이에 싸움이 일어나기 때문에 까다로운 작업이 될 수 있다. 일반적인 직접 합봉 방법은 다음과 같다.

① 먼저 약한 벌통에서 여왕벌을 제거한다.

② 왕이 없는 상태로 하루 정도 지난 후, 약한 벌통에서 벌이 붙은 채로 벌집을 꺼내어, 수용하려는 벌통 내 외곽에 충격 없이 천천히 조심하여 넣는다.

③ 벌끼리 싸움이 일어나지 않으면 다른 벌집을 차례대로 합해준다. 만약 벌들이 적대적으로 싸움을 시작할 때는, 훈연하거나 소량의 물을 분무해서 싸움을 가라앉혀야 한다.

④ 합할 벌이 아주 적을 때에는 여왕벌을 제거하고 약한 벌을 수용할 벌통 입구에 털어놓아서 일벌들이 스스로 기어서 출입문으로 들어가도록 유도한다. 이 경우 강군의 벌들은 별 거부감없이 들어오는 외부 벌을 수용한다. 합봉 작업을 마친 후, 2~3일 안에 벌통을 열거나 당액을 제공하는 등 봉군에 자극을 주는 행동은 삼가야 한다. 아울러 도봉 또는 개미나 말벌의 침입을

방지하기 위하여 출입문을 좁혀주는 게 좋다.

2. 세력 고르기

한 곳에서 여러 벌통을 관리하는 과정에서 벌통에 따라 강한 봉군과 약한 봉군이 생기는데, 이 경우에는 강한 봉군의 일부 일벌 무리를 약한 봉군에 넣어서 세력을 보강할 수 있다. 이를 위해 갓 태어난 어린 벌들이 많은 벌집 또는 봉개 번데기로 형성된 벌집을 옮겨 넣어주는 방법이 있는데, 일벌로 태어날 번데기가 많은 벌집을 넣어주는 것이 무리가 없다.

작업 순서는 강한 봉군에서 봉개 벌집 1~2장을 꺼내어 붙어있는 일벌을 솔로 털어낸 다음, 약한 통의 적당한 벌집 사이에 끼워 넣는다. 한 장의 벌집에 꽉 찬 번데기들이 일벌로 태어나면, 벌집 2장에 밀집해 붙을 정도의 성충 일벌이 되기 때문에, 약한 벌은 곧 일벌 수가 많아져 세력이 증가한다. 반면에, 벌집을 빼낸 강한 세력의 벌통에는 곧 빈 벌집을 넣어줌으로써 산란이 촉진되고, 분봉열을 해소하는 효과를 얻을 수 있다.

봉군의 이동

꿀벌은 자기 집을 방위 감각으로 기억하고 있으므로 벌통을 함부로 이동해서는 안 된다. 꿀벌을 이동해야 할 경우는 그 거리를 고려하여 적합한 방법을 따라야 한다. 꿀벌의 일상적인 최대 비행 거리는 4km이기 때문에, 최소한 5km 이상 떨어진 곳에서는 원래 벌통이 있던 장소를 찾지 못하고 새로운 지역 환경에 빨리 적응한다. 가까운 거리로 이동할 때는 원래 벌통이 있던 자리로 되돌아오는 습성이 있으므로 특히 유의해야 한다.

1. 원거리 이동(5km 이상)

지형에 따라 활동 거리가 차이가 있지만 벌통을 5~10km 이상 먼 거리로 이동할 때는 일벌들이 외부 활동을 마치고 벌통 안으로 모두 들어온 밤에 움직여야 한다. 벌집틀과 벌통 뚜껑을 못이나 철사로 고정하고, 벌통 출입문을 막아야 하는

데, 더운 날씨에는 벌통의 환기구를 활짝 열고 출입문에도 환풍 망을 설치하여 통풍이 원활하게 해야 한다.

차량으로 신속히 이동하고, 도착 즉시 벌통을 정해진 장소에 안착시키고 문을 열어 준다. 이동하고자 하는 곳을 미리 답사하여 벌통을 놓을 위치를 점검해 두는 것이 중요하다.

2. 근거리 이동(10m~5km)

벌통 내부와 뚜껑을 고정하고, 새 장소에 운반 후에는 문을 열어줘야 하는데, 개방 전에 벌통 앞에 표식이 될 큰 물체를 두면 벌들이 새로운 장소에 재적응하는 데 도움을 준다. 벌통을 나섰을 때, 생소한 느낌에 경각심을 갖게 되어 원래 장소로 되돌아가는 비율을 낮출 수 있기 때문이다.

이러한 조치를 하더라도 많은 일벌이 과거 기억으로 인해 이동 전의 원래 위치로 돌아간다. 이 경우를 대비하여 원위치에 빈 벌통을 놔두면 되돌아간 일벌을 회수하여 올 수 있다. 며칠 반복해서 수집해 오면, 일벌이 새 장소에 익숙해져서 정착한다.

이와 다른 방법은 벌통을 두 번에 걸쳐 원거리를 이동하는 것이다. 벌통을 5~10km 이상의 원거리로 일단 이동하여 3일 이상 충분히 그곳에 두어 과거 벌통의 위치 기억을 잃게 한 후, 원하는 근거리의 장소로 다시 옮기면 즉시 새 장소에 잘 적응하게 할 수 있다.

3. 단거리 이동(10m 이내)

10m 거리 이내에서 벌통을 옮기고자 할 때는 출입문을 막지 않고, 매일 2m 정도씩 점진적으로 이동시킨다. 이동한 다음에는 나갔던 벌들이 처음에는 원래의 위치로 되돌아가지만, 그곳에 가까이 있는 자기 벌통을 쉽게 찾아내기 때문이다. 이보다 멀리 이동했을 때는 새 벌통의 위치를 잘 찾지 못한다.

제13장

계절별 봉군 관리

1. 봄철 봉군 관리

월동 직후

1. 벌통 내부 점검

월동을 마치는 2월 초~하순 따뜻한 날 낮에 벌통 내부를 관찰한다. 벌을 지나치게 자극하지 말고, 벌통 내부를 장시간 외부에 노출하지 않도록 신속히 내검을 마쳐야 하는데, 이때 꼭 점검해야 할 내용은 다음과 같다.

① 일벌 수

월동 이전과 비교하여 감소한 일벌 수를 추산하고, 일벌이 붙지 않은 빈 벌집이 있으면 벌통에서 꺼낸다. 일반적으로 일벌 수는 벌집에 붙어있는 일벌의 밀도와 벌집의 수로 산정하는데, 월동 직후에 벌이 밀집한 벌집이 3~4장 이상이어야 봄철 육아 번식이 순조롭다.

② 여왕벌 유무

월동 중에 여왕벌이 사망할 수가 있으므로 내검 시에 여왕벌의 유무를 확인해야 한다. 여왕벌을 발견하지 못하더라도, 벌방에 알이나 어린 유충이 있으면 여왕벌이 있다는 증거가 된다. 만약 여왕벌이 망실된 것으로 확인되면 별도의 여왕벌을 구하여 봉군에 유입하거나 여왕벌이 있는 적당한 벌통을 찾아 합봉해야 한다.

③ 꿀 저장량

월동 후에 남아 있는 먹이 꿀의 양을 관측한다. 보통 약군은 강군보다 봉구 온도를 유지하기 위한 에너지 소모가 많아서 꿀 소비량이 많다. 한편 겨울철 기온 변동이 심하거나, 보온 상태가 미흡할 때도 꿀 소비량이 많아진다. 만약 먹이 꿀이 부족하면 꿀이 든 벌집을 직접 넣어주거나, 사양기에 꿀 또는 진한 설탕물을 식량으로 공급해 주어야 한다. 실제로 꿀벌이 겨울철에 죽는 것보다 이른 봄철 저장된 꿀을 전부 소모하여 굶어 죽는 경우가 더 많다. 초봄에 여왕벌이 산란을 시작하고, 일벌들이 육아 작업에 착수하면 꿀 소모량이 급격히 증가하기 때문이다.

④ 습기와 환기

이른 봄철에는 벌통 내부의 보온은 물론 환기 상태가 좋아야 한다. 지나치게 밀폐되어 벌통 내 습기가 차게 되면, 미생물이 번식하며 질병이 발생하기 쉬우므로 적절한 환기에도 유념해야 한다.

⑤ 죽은 벌

일벌이 굶어 죽으면, 벌방에 머리를 박거나 바닥에 떨어져 죽는다. 바닥에 죽은 벌의 복부가 팽창해 있는 것은 변질된 먹이가 원인이다. 일부 벌집에만 굶어 죽은 벌이 보이는 것은, 추운 날씨에 체온이 떨어진 벌이 먹이가 있는 벌집으로 이동하지 못했기 때문이다. 간혹 죽은 일벌들이 출입구 안쪽에 수북이 쌓여 공기통로를 막아서, 봉군 전체가 질식하여 폐사하는 사례도 있다.

2. 대용화분 공급

화분은 성충 꿀벌의 활동과 애벌레 육아 과정에 필수 영양 공급원이다. 그러므로 봄철에는 화분 없이 벌을 키울 수 없다. 이른 봄철에는 미처 꽃이 피지 않은 시기라서, 꿀벌이 스스로 필요한 화분을 수집할 수 없기에 인위적으로 화분을 공급해야 한다. 1년 중 화분 공급이 가장 필요한 시기다.

채취한 자연 화분이나 대용화분으로 화분 떡을 만들어 계속 공급해 주어야 한다(그림 13-1, 좌). 3월 중하순이 되면 다양한 봄철 밀원식물 꽃이 피면서 자연 화분이 반입되므로, 화분 공급을 중단한다.

3. 보온과 출입문의 조절

이른 봄 꿀벌이 산란과 육아를 서서히 진행하다가 점차 따뜻한 날씨가 이어지면, 여왕벌이 산란하는 산란 면적이 확장하는 도중에, 돌연 한파가 올 때가 있다. 이때 벌 무리는 스스로 밀집하여 내부의 육아 온도를 유지하기 때문에, 벌 무리의 외곽에 있는 알과 유충은 저온에 노출되어 발육이 부진하거나 사망한다. 따라서, 벌통은 월동 중의 보온보다 이른 봄철의 보온이 더욱 중요하다.

그러므로 월동 직후 1차 내검할 때는 월동 포장을 더욱 세밀히 점검해야 한다. 보온 재료에 습기가 차 있으면 건조한 것으로 교체하고, 아울러 보온과 환기를 고려하여 출입문의 크기를 적절히 조절해야 한다. 3월 중순까지는 월동 시기와 마찬가지로 출입문을 3cm 정도로 개방하고, 이후에 기온이 상승함에 따라 벌의 활동에 맞춰 점차 출입문을 넓힌다. 4월 벚꽃이 피기 시작하면 출입문을 배로 넓혀 벌의 활동을 촉진하고, 꿀 수확기가 다가오는 4월 하순~5월 상순에는 출입문을 완전히 개방한다.

4. 급수

봄철 여왕벌이 산란을 시작하면, 점차 발육하는 애벌레 수가 많아져 다량의 물을 요구한다. 유밀기에는 꽃꿀에 수분이 많으므로 물 공급이 필요 없지만, 월동 직후 벌통에 남은 월동 먹이는 수분 함량이 낮은 농축 꿀로, 이 먹이 꿀을 희석하여 애벌레에게 먹이기 위해서 물이 꼭 필요하다.

식수용 물을 별도로 공급하지 않으면 개천, 하수구에서 오염된 물을 벌들이 수집해 올 수 있다. 양봉장에 공동 급수시설을 설치하거나 소문 급수기로 계속 맑은 물을 공급하면 일벌의 노동력도 줄일 수 있다(그림 13-1, 우).

그림 13-1. 봄철 대용화분 공급(좌)과 벌통 출입문을 통한 급수(우)

5. 자극 사양

이른 봄의 자극 사양은, 다가오는 채밀 시기까지 봉군 세력을 키우기 위하여 여왕벌의 산란은 물론, 일벌의 육아 활동과 외역 활동을 촉진하기 위하여 당액을 공급하는 것을 말한다.

만일 먹이 꿀이 풍부하고 초봄 봉군 세력이 양호하여 채밀기까지 강한 세력의 봉군으로 발육이 가능하다면 자극 사양이 필요 없다. 하지만, 초기 세력이 약하여 채밀기까지 강군으로 성장하기 어려울 것 같으면, 부진한 산란과 육아 활동을 촉진하기 위한 조치가 필요하다.

지역과 기상 환경에 따라 자극 사양 시기가 달라질 수 있는데, 빠른 것보다는 다소 늦는 것이 안전하다. 이른 봄 꽃샘추위로 기온이 갑자기 떨어지면, 자극 사양으로 넓혀진 육아권의 애벌레들이 저온 피해를 볼 뿐만 아니라, 일벌도 과도한 육아 작업과 외부 활동으로 인해 수명이 짧아질 수 있기 때문이다.

자극 사양을 할 때는 벌통의 사양기에 설탕 용액(설탕 1: 물 1) 소량을 공급하는데, 무밀기의 도봉 발생을 피하려면 양봉장의 모든 벌통에 일제히 같은 시간에 급이해야 한다.

봄철 번식기

1. 산란권 확대

3~4월에는 기온이 점차 상승하고 각종 수목과 초본류의 봄꽃이 개화하면서, 일벌들은 활발히 수밀 활동을 하고, 벌통 안의 여왕벌은 산란에 집중한다. 왕성한 육아 활동으로 어린 벌이 많이 태어나면서 봉군 세력은 급격히 늘어난다. 산란 육아권이 벌집에 꽉 차게 되면 산란 공간을 넓혀 주기 위해 빈 벌집을 벌 무리의 외곽에 넣어준다.

기온이 상승하면서 어린 일벌 수가 많아지고, 이들은 생리적으로 밀랍을 왕성하게 분비하여 쉽게 집을 짓는다. 따라서 산란권 외곽에 빈 벌집 대신 소초(벌집 기초)를 넣어서 벌집을 짓도록 유도할 수 있다. 일벌은 먼저 벌 무리의 중심부 방향의 소초 안쪽에 집을 짓는데, 어느 정도 집을 지었을 때 180° 회전하여 넣으면 반대쪽에도 집을 짓는다. 낮 기온이 20°C 이상이 되면 처음부터 소초를 산란권 중앙에 삽입해도 2~3일 만에 집을 짓고, 이곳에 여왕벌이 산란한다.

2. 월동 포장 해체

월동 보온 포장을 이른 봄에 너무 일찍 해체하면, 기온 변동이 심한 봄 날씨에 봉군 내부 온도가 불안정하여 육아 발육에 지장을 받는다. 따라서 보온 포장을 너무 일찍 해체하는 것보다 기온이 안정되는 4월 초순이나 중순까지 미루는 것이 번식에 유리하다.

채밀기 봉군 관리

1. 수밀기 관리

4~5월이 되면 벚꽃, 아까시나무꽃이 피기 시작하여 꿀을 수확하는 채밀 시기가 시작되는데 이때를 수밀기라 부른다. 5월 초·중순 아까시나무 꿀 수확 후에 지역에 따라서는 6월까지 때죽나무, 클로버, 밤나무, 다래, 피나무 등의 꽃에서 꿀과 화분을 집중적으로 생산한다.

수밀기에는 벌통 안 일벌의 밀도가 최정점에 달하며, 저장하는 벌꿀의 양이 늘어나 봉군은 분봉열이 일어나기 쉽다. 분봉열이 생기면 일벌의 수밀 활동이 현저히 줄어들기 때문에, 아무리 강한 봉군이라도 수밀력이 절반 이하로 떨어진다. 따라서 분봉열이 생기지 않도록 덧통(계상)을 설치하여 벌통 내부 공간을 확장하는 등 분봉열의 예방 관리가 필요하다. 수밀기는 벌꿀을 생산하는 채밀 작업 외에도 새 여왕벌을 양성하고, 봉군을 증식하며, 소초로부터 새 벌집을 조성하는 등 여러 가지 사육관리 작업을 해야 하는 가장 분주한 시기이다.

2. 덧통 설치

4월 말경 봉군 세력이 늘어나면서 분봉을 위한 자연 왕대가 조성된다. 봉군 수를 늘리거나 구 여왕벌의 교체를 위하여 신 여왕벌이 필요하면, 인공분봉을 시켜 두 봉군으로 나눌 수 있다. 반면 분봉열을 억제하여 채밀량을 늘리려면, 자연 왕대를 제거하고 덧통을 설치해야 한다. 벌집 10장의 강군이라면 덧통으로 산란 벌집, 애벌레 벌집 등 6장을 올리고 아래통에는 여왕벌을 중심으로 봉개 번데기 벌집과 빈 벌집으로 6장 봉군을 만든다. 이렇게 하면 육아 일벌들이 덧통으로 올라가서 아래 통에는 일벌 수가 줄어들어 분봉열이 억제되는데, 4~5일 간격으로 아래통에서 덧통으로 산란 육아 벌집을 1장씩 올리고 아래통에는 그 자리에 빈 벌집을 1~2장 삽입한다.

꽃꿀이 본격적으로 반입되면 위쪽은 저밀 벌집이 10장, 아래통은 대부분 산란 벌집으로 형성되어 덧통에서 순전히 벌꿀만을 손쉽게 생산할 수 있다.

3. 벌집 조성

벌집소비, Comb은 중요한 양봉 기구로, 잘 조성한 벌집 판을 다수 보유하고 있으면, 채밀과 봉군 증식 등 관리에 유리하다. 오래 묵은 벌집은 꿀벌이 선호하지 않고, 유충 발육 과정에 질병이 발생할 수 있어서 매년 유밀기에 새 벌집을 많이 조성하는 것이 중요하다.

유밀기에 세력이 강한 봉군에서 벌 무리의 외곽에 벌집 소초를 넣어주면 즉시 벌집을 짓기 시작한다. 유밀기에는 일벌들의 밀랍 분비가 왕성하므로 보통 한 봉군에서 벌집 1매를 3~4일 안에 조성할 수 있다. 여왕벌이 없거나 처녀 여왕벌이 있는 봉군, 분봉열이 발생한 봉군, 기온이 낮거나 너무 높을 때, 꽃꿀이 없는 무밀기에는 조소하지 않는다.

새로 조성한 벌집은 1차로 산란에 사용하는 것이 좋다. 이를 꿀 저장에 먼저 사용하면 벌집이 약하여 파손되기 쉬우며, 이후에도 여왕벌이 산란을 꺼리는 경향이 있다.

2. 여름철 봉군 관리

식량 공급

우리나라 대부분 지역은 7~8월 여름철, 그리고 특히 장마철에는 밀원蜜源이 없거나 부족하다. 따라서 저장한 꿀이 부족할 때는 도봉에 유의하며 당액을 공급해야 한다.

저장 화분이 고갈되면 여왕벌이 산란을 중단함은 물론, 일벌이 애벌레를 더 키울 수가 없어 단백질원으로 직접 섭취하기도 한다. 따라서 사전에 양질의 자연 화분을 꿀이나 설탕 액으로 반죽하여 넣어주거나 대용화분 떡을 공급하는 일이 매우 중요하다.

더위 대책

여름철 무더운 날에 벌통에 햇볕이 내리쬐면 벌통 내부 온도가 올라가 벌들은 모든 활동을 중단하고, 벌통의 밑판과 출입문 앞에 모여 선풍 작업을 하고 외부에서 물을 반입하여 더위를 식히려고 애를 쓴다. 40°C 이상의 고온에서는 쉽게 분봉열이 발생하거나, 봉군이 도망하는 사례도 있으므로 여름철 혹서기에는 적절한 더위 대책을 세워야 한다.

직접 뜨거운 햇볕을 받지 않도록 미리 벌통을 나무 또는 양봉사 그늘 밑에 배치하는 게 좋다. 이것이 여의찮으면 벌통 위에 넓은 스티로폼을 덮고 통풍이 잘 되도록 좌우로 여유 공간을 둔다. 벌통 속 덮개 위에 빈 덧통을 추가로 얹어서, 위쪽에 여유 공간을 만들어 열기를 분산시킬 수도 있다.

스티로폼 소재로 만든 벌통도 여름철 더위에 효과적이지만, 내부에 습기가 차지 않도록 환기에 신경을 써야 한다.

도봉 예방과 대책

여름철 밀원이 부족하여 먹이가 없는 꿀벌은, 꿀이나 당액의 냄새가 풍기는 다른 벌통에 침입하여 꿀을 훔쳐 오려는 습성을 보이는데. 이 벌들을 도봉盜蜂, robbing bees이라고 한다. 무밀기에 벌통을 함부로 열어 꿀이 든 벌집을 외부에 노출하거나, 주의 없이 당액을 벌통에 공급하면 이 냄새에 의해 심각한 도봉을 유발한다.

1. 도봉 증세

도둑벌은 날갯짓 소리가 크고, 벌통 주변에서 나는 모습이 무질서하며 어수선하다. 벌통 출입문을 드나드는 일벌의 행동이 비정상적으로 민첩하고, 방어하는 일벌과 엉켜서 싸우는 등 출입구 근처도 소란하다. 자세히 관찰하면, 도봉은 벌통을 빠져나갈 때 복부가 팽대해 있고 벌통에 들어갈 때는 복부가 홀쭉한 것을 알 수 있다. 도봉이 많이 침입하였을 때, 벌통의 뚜껑을 재빨리 열면 다수의 도둑벌이 놀라서 날아가는 모습을 쉽게 볼 수 있다.

처음에는 몇 마리 일벌이 침입하여 꿀을 훔쳐 가지만, 위치를 동료에게 알려주기 때문에 시간이 지남에 따라 도봉 수가 증가한다. 장시간 도봉이 침입하면, 도봉을 당하는 벌통에는 먹이 꿀이 조금도 남지 않아, 결국 봉군이 폐사한다. 출입문 앞의 경계가 허술한 약군이나 무왕군은 도봉에 대한 방어력이 약하다.

2. 도봉 예방

도봉은 발생 초기에 재빠른 대책을 세워야 하지만, 근원적으로 도봉이 유발될 수 있는 발생 요인을 유의하여 사전에 예방하는 것이 가장 중요하다.

여름 무밀기 이전에 약군을 미리 합봉하여 모든 봉군의 세력을 강하게 유지하고, 합봉을 못 한 약군에서는 벌통 안쪽 벌이 없는 공간에 저밀 벌집을 보관하지 않는다.

무밀기에는 출입문을 좁혀 자체 방어력을 높이고, 벌통 외부에 꿀이나 당액, 꿀 벌집을 노출하지 않는다. 무밀기에 당액을 공급할 때는 저녁 무렵, 전체 벌통을 대상으로 밤새 벌집에 저장할 수 있는 적정량을 공급한다.

3. 도봉 대책

도봉이 심하게 일어났을 때는 즉시 출입문을 막고 벌통 뚜껑을 열면 도봉은 재빨리 날아서 도망한다. 다음에는 속 덮개를 약간 접어 환기 공간을 만들어 뚜껑을 다시 덮고 출입문을 차단한 다음, 서늘한 암실에 격리하거나 멀리 떨어진 그늘진 곳에 3~4일 정도 피신시킨다. 이후, 원래 제 자리에 옮기고 출입문을 1cm 정도로 좁게 열고 도봉의 접근을 살핀다. 다시 도봉이 공격하면 벌통을 4~5km 이상 멀리 떨어진 곳에 옮겨 놓아야 한다.

4. 산란성 일벌

여왕벌이 교미에 실패하거나 갑자기 사망하여 여왕벌의 산란이 한동안 중단되면, 일벌들이 난소가 부풀어 산란을 시작한다. 이 일벌들을 산란성 일벌Egg-laying worker bees이라고 하고, 이들이 낳은 알은 무정란으로 모두 수벌이 탄생한다(그림 13-2).

보통 여왕벌이 없는 무왕 상태로 20여 일이 지나면 산란성 일벌이 출현하고, 이 봉군은 더 이상 일벌을 생산하지 못하여 마침내 소멸한다. 따라서 봉군이 무왕 상태가 되지 않도록 주의해야 한다. 산란성 일벌이 발생하였을 때는 새 여왕벌을 유입해도 잘 받아주지 않는다.

산란성 일벌이 생긴 봉군은 정상 봉군으로 회복할 수 없으므로, 벌통을 치우고 모든 벌집을 빼내어 원래 위치에서 5~6m 떨어진 땅이나 풀밭에 벌들을 털어 놓으면 정상 일벌들은 원위치 주변의 벌통에 표류해 들어가고, 산란성 일벌은 몸이 무거워 날지 못하고 기어 다니다가 사망한다. 벌을 털어낸 벌집은 다른 벌통에 넣어주면, 곧 무질서한 벌집을 정리하고 정상 산란 육아에 사용한다.

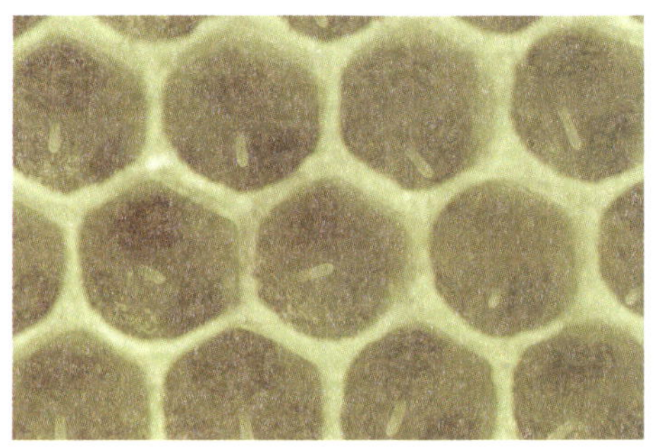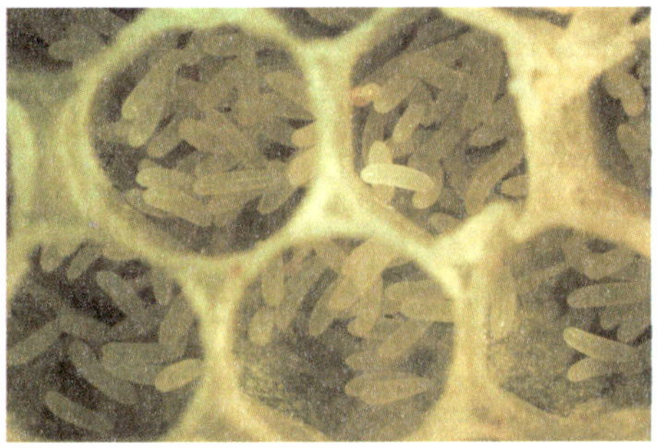

그림 13-2. 여왕벌의 정상 산란(좌), 산란성 일벌의 비정상 산란(우)

5. 해충 방제

여름철은 꿀벌의 해충들이 출현하는 시기여서 이들로부터 봉군을 보호하는 것이 매우 중요하다. 특히 여름철에 급속도로 번식하여 꿀벌에 기생하며 큰 피해를 주는 꿀벌응애와 중국가시응애는 철저히 방제해야 한다. 빈 벌집에 발생하여 밀랍을 갉아먹는 꿀벌부채명나방과 벌통 안에 침투해 서식하는 개미, 여름부터 가을에 걸쳐서 꿀벌을 공격하여 봉군을 초토화하는 말벌 등에 대한 치밀한 방제 대책도 세워야 한다. 주요 해충의 생태와 피해 상황, 방제 방법에 관해서는 제15장에서 자세히 설명하기로 한다.

3. 가을철 봉군 관리

번식과 식량 공급

무더위가 지난 8월 하순부터 꿀벌의 산란, 육아 활동이 활발해질 무렵에는, 밀원이 부족할 경우 당액을 소량으로 꾸준히 공급하여 번식을 촉진하고, 아울러 월동 식량을 비축하도록 해야 한다. 이때 번식한 벌들이 월동에 들어갈 어린 일벌들을 양육하여 월동 봉군의 세력을 강하게 함을 주목해야 한다. 세력이 강한 봉군이 월동도 잘하고 이듬해 봄에도 번식에 유리하기 때문이다.

초가을에는 벌통에서 번식과 식량 저장을 동시에 주력해야 함으로, 봉군이 운집하는 벌집 수를 늘려서 식량 저장과 산란, 육아권을 확장해야 한다.

가을 기온이 떨어지면서, 수명을 다한 일벌이 많아져 세력이 점차 줄어든다. 벌통 외곽의 벌이 붙지 않은 빈 벌집과 벌이 적게 붙어있는 벌집은, 벌을 털고 빼내어서 벌 무리를 밀집시켜야 한다. 기온이 낮아짐에 따라 벌집 수를 축소하여 35°C 내외의 산란 육아 온도를 유지하게 한다.

월동을 위해 공급하는 식량이 너무 많으면 산란 육아권이 축소될 수 있음을 유의하면서, 공급하는 당액의 양을 조절해야 한다. 차가운 날씨로 인해 산란, 육아가 현저히 줄어들면 마지막 월동 식량을 충분히 공급한다.

약군 합봉

월동 시기가 다가오는데도 여전히 세력이 약한 상태의 봉군은 과감히 벌통을 합쳐야 한다.

약군은 겨울에 벌통의 내부 온도를 유지하기 위해 많은 양의 식량을 소비하고, 체력이 빨리 소모되어 월동에 실패할 수 있기 때문이다. 따라서 약군에서 여왕벌을 제거하고 다른 봉군에 합봉하는 것이 월동에 유리하다.

병해충 방제

가을철에도 많은 수의 장수말벌과 등검은말벌이 날아와 피해를 주기 때문에, 직접 포획하거나 유인 포살하여 피해를 방지해야 한다. 이를 소홀히 하면 일부 봉군은 폐사할 수도 있으며, 피해를 받아 세력이 약해진 봉군도 월동에 실패할 가능성이 크다.

한편, 산란 육아가 마무리되는 늦가을~초겨울 시기에는 꿀벌의 애벌레와 번데기가 없으므로, 꿀벌응애와 중국가시응애가 모두 성충 일벌의 몸에 붙어있다. 이 시기에 효과적인 약제를 선정하여, 기생하는 응애류를 철저히 방제해야 한다.

또한, 노제마병이 있거나 발생 염려가 있을 때는 노제마 전용 항균제를 투여한다.

4. 겨울철 봉군 관리

월동 봉군

늙은 일벌은 월동 과정 중에 수명을 다해 사망하고, 어린 벌들이 이듬해 봄까지 생존하여 활동을 재개한다. 즉, 봄에 활동할 수 있는 벌은 대부분 가을에 태어난 젊은 일벌들이 주축이 된다. 따라서 늦가을에 젊은 일벌들의 밀도가 얼마나 되느냐가 월동 봉군의 세력 유지에 매우 중요하다.

일반적으로 봉군 세력이 강할수록 월동이 순조롭지만, 적절한 포장과 보온을 해주면 벌집 2장 정도의 약한 봉군도 무난히 월동하는 경우도 있다. 보통 벌이 밀집한 벌집 4~5장 이상의 봉군이라야 월동이 수월하고, 이듬해 봄에 꿀 생산성이 높은 채밀 봉군의 역할을 할 수 있다.

월동 봉군은 활동력이 왕성한 젊은 여왕벌을 보유하고, 늦가을에 태어난 젊은 일벌을 주축으로 월동에 충분한 식량을 비축하고 있어야 한다.

월동 식량

월동에 필요한 식량은 지역, 기상 조건, 봉군 세력, 월동 포장 상태 등에 따라 일정치 않으나, 중부지방에서는 벌집 6매 정도의 봉군에서 절반 이상이 밀개蜜蓋된 꿀 식량이 4~5매의 벌집에 충분히 저장되어 있으면 무난하다.

월동 식량은 벌집에 완전히 밀봉해서 저장한 것이 가장 이상적이지만, 이 정도는 아니더라도 8월 중하순부터 서서히 당액을 공급하여 일벌이 이 식량을 숙성시켜 2/3 이상 밀개하도록 관리해야 한다(그림 13-3, 좌). 가을에 수집하는 감로 꿀은 월동 중에 결정이 되어, 벌이 소화를 시킬 수 없어 월동용 식량으로는 부적당하다.

우리나라와 같이 가을 밀원이 부족한 환경에서는 월동 이전에 당액 사양이 필수적이지만, 가을철에 어린 일벌조차도 차가운 날씨에 늦게까지 당액을 저장하는 중노동에 시달리면, 수명이 현저히 짧아져 월동 중에 사망한다. 그러므로 월동을 위한 대부분의 식량 공급은 9월 말까지는 마쳐야 한다.

월동 포장

1. 내부 포장

월동 포장과 방법과 시기는 지역에 따라 다르지만, 보통 11월 말~12월 초에 이루어진다. 벌집 수를 축소한 봉군에서 벌이 붙은 벌집(먹이 꿀이 저장됨)을 모두 벌통 한쪽으로 붙이고, 외곽에 격리판을 세우고 이어서 수직 보온재를 설치한다. 벌통의 속 덮개 위에도 추가로 천이나 보온재를 덮고, 벌통의 출입구를 3cm 크기로 축소한다.

추운 지역에서 벌통 외부에 두꺼운 보온재로 포장을 할 때는 출입구에 터널을 설치하면, 찬 바람과 직사광선이 봉군에 미치지 못하여 안정된 월동을 할 수 있다.

2. 외부 포장

내부 포장이 끝나고 외기 온도가 −5°C 이하로 내려가면 바닥에 폭 150cm의 방수포를 깔고 그 위에 보온재를 덮은 후 그 위에 벌통을 다시 배치한다.

그림 13-3. 월동을 위한 밀개 벌집(좌)과 보온덮개를 이용한 월동 포장(우)

벌통 외부와 벌통 사이에 보온재를 끼워 주고 보온덮개로 벌통 전체를 씌우고 그 위에 방수포를 덮는데, 출입문 앞은 지면에서 10~15cm 높이까지만 덮어준다. 그리고 보온 포장재가 바람에 날리지 못하도록 줄로 묶어야 한다(그림 13-3, 우).

3. 아사(餓死)와 동사(凍死)

저밀 부족으로 꿀벌이 굶어 죽는 것은 겨울에만 있는 일은 아니지만, 월동 중에는 봉군 내부 관찰이 쉽지 않아 식량 부족으로 아사하는 일이 많이 일어난다. 월동 전 충분한 저밀이 필요한 것이 이 때문이다. 식량이 없어 굶어 죽는 벌은 머리를 벌방에 처박은 모습을 보이는 것이 일반적이다.

월동 중 따뜻한 날을 택하여 저밀 상태를 살펴 만약 먹이가 부족하면, 겨울이라도 먹이를 공급해야 하는데 이때는 저밀 벌집을 넣어줘야 한다. 월동 기간뿐만 아니라 월동 후 초봄에도 저밀 부족으로 봉군이 굶어 죽는 일이 자주 일어난다.

아무리 추운 겨울이라도 저밀이 충분하면, 강군으로 월동하는 벌 무리 전체가 동사하는 일은 거의 없다. 먹이가 충분한데도 동사로 폐사하는 것은 약군인 경우가 대부분이다.

4. 월동 봉군 관리

월동 중의 봉군은 될 수 있으면 자극을 주지 말아야 한다. 봉구蜂球를 형성하여 안정된 상태의 벌 무리에 자극을 주면, 식량도 많이 소모하고 벌의 체력이 떨어질 수 있기 때문이다. 그러므로 월동 포장을 끝낸 다음에는 특별한 경우가 아니면 벌통을 열어 내검할 필요가 없다.

월동 중인 벌통은 보름에 한 번 정도, 죽은 일벌로 인해 출입문이 막히지 않도록 끝을 구부린 철선을 넣어 죽은 벌을 끌어내야 한다.

겨울에는 쥐가 벌통을 습격한다. 이로 인하여 벌이 소동을 일으키고, 쥐구멍으로 들어오는 찬바람으로 인하여 폐사하는 일이 생긴다. 따라서 월동 포장 후에는 쥐덫이나 약제를 놓아 쥐의 피해를 막아야다.

제14장

봉군 증식과 여왕벌 양성

1. 봉군 증식

봉군을 증식하는 시기는 유밀기가 적당하다. 과다하게 봉군을 증식하면 봉군의 세력이 약해진다. 세력이 약한 봉군은 활동성이 떨어져, 꿀 수집량도 적고 산란 육아도 부진하다. 따라서 봉군 증식은 봉군의 세력과 밀원 상태를 충분히 고려해야 한다. 봉군을 증식하는 방법에는 자연분봉과 인공분봉 두 가지 방법이 있다.

자연분봉

유밀기에 일벌 수가 늘어나고 산란과 식량 저장에 필요한 공간이 부족해지면, 봉군은 분봉열이 생겨서 왕대를 만들고 분봉할 준비에 들어간다. 첫 처녀 여왕벌이 출생하기 하루나 이틀 전에, 어미 여왕벌은 일벌의 무리와 함께 양봉장 근처 나뭇가지에 집단으로 운집한다. 이를 자연분봉군이라 하는데, 이 분봉군을 새 벌통에 수용하면 자연스레 성공적으로 증식한 것이다. 자연분봉군은 조소력이 왕성하고 수밀력이 강하여, 빠른 시간에 정상적인 강군을 만들 수 있다. 그러나 분봉군을 잃거나 분봉군을 수용하는 데 시간과 노력이 필요한 것이 단점이다.

인공분봉

자연분봉이 일어나기 전에 인위적으로 봉군을 나누어 증식하는 방법이다. 인공분봉은 자연왕대를 이용하거나, 변성왕대 또는 인공왕대를 활용할 수 있다(그림 14-1).

1. 자연왕대 이용

자연분봉이 일어나기 전, 원 벌통에서 어미 여왕벌과 봉개 벌집을 포함한 벌집 5~6매를 꺼내어 새 벌통에 옮겨 담는다. 자연왕대가 있는 원 벌통은 다른 장소로 옮기고 그 자리에 어미 여왕벌이 있는 새 벌통을 놓는다. 원 벌통에 있는 자연왕대 중 형태가 좋은 것 하나만 남기고 다른 왕대들은 제거한다. 하지만, 나머지 왕대를 제거하지 않더라도 외역봉 대다수가 원 위치의 새 벌통(분봉군)으로 돌아가기 때문에, 첫 왕대에서 출방한 여왕벌은 분봉하지 않고 다른 왕대를 제거한다.

2. 변성왕대 이용

산란 육아가 진행 중인 벌통에서 여왕벌을 제거하면 10개 이상의 변성왕대가 생긴다(그림 14-1). 이 왕대를 이용해서 인공분봉을 할 수 있다. 즉, 변성왕대가 성숙하여 처녀 왕이 출방하기 1~2일 전에, 왕대가 붙은 벌집 1장과 다른 통에서 어린 일벌이 많이 붙은 벌집 2~3장을 뽑아서 새 분봉군을 편성한다. 봉개하지 않은 애벌레 왕대를 분리하여 분봉시키면, 봉군 내부 온도가 상대적으로 낮은 분봉군에서는 건강한 처녀 여왕벌이 태어나지 못하는 점을 주의하여야 한다. 처녀 여왕벌이 출생하면 이상 여부를 살펴본 후, 약 1주일 정도 내검을 삼가야 한다. 자주 내검을 하면, 일벌들이 위협을 느껴 처녀 여왕벌을 공격할 수 있기 때문이다. 또한 인공분봉 봉군은 2~3일 이내에 당액을 공급하면 당액 냄새로 인해 도봉을 유발하기 쉽다. 먹이가 부족하면 다른 봉군의 꿀 벌집을 넣어주는 것이 안전하다.

그림 14-1. 자연왕대, 변성왕대, 인공왕대

2. 여왕벌 양성

여왕벌은 알을 생산해서 봉군 세력을 확장하고 유지한다. 동시에 페로몬을 분비하여 일벌들의 난소 발육을 억제하고, 일벌 간 결속을 유도하는 역할을 담당한다. 여왕벌이 낳는 알과 저정낭 속에 저장하고 있는 정자에 의해 봉군의 유전적 특성이 결정되므로, 모든 봉군의 유전형질은 한 마리 교미 여왕벌에 의해 나타나는 것이다. 따라서, 여왕벌 한 마리를 교체하는 것은 궁극적으로 봉군 전체를 교체하는 의미가 된다.

일선 양봉 경영에서 활력이 왕성한 우수 여왕벌을 보유하면, 분봉열이 적게 발생하고 동시에 수밀력이 현저히 증가하는 장점이 있다. 따라서 양봉 관리의 수칙 중에서 최우선으로 삼아야 할 것 중 하나가, 최적 조건에서 성숙하여 활력있는 우수 여왕벌을 보유하는 것이다.

처녀 여왕벌 양성

아까시나무와 밤나무 같은 주밀원의 유밀기가 끝나고 나면, 새 여왕벌을 양성하여 교체하는 것이 우리나라의 보편적인 관리법이다.

대규모 양봉장에서는 우수한 형질의 봉군에서 여왕벌을 대량으로 육성할 수 있다. 간단한 방법으로는 여왕벌을 제거하여 일벌들로 하여금 변성왕대를 만들게 하여, 자연왕대의 경우처럼 분봉군 또는 교미군을 편성하는 방법이 있는데, 이 방법은 양성할 수 있는 여왕벌의 수에 제약이 따른다.

다수의 여왕벌을 체계적으로 생산하는 방법은 인공왕대를 이용하는 것이다. 우선 어린 유충이 많이 있는 이충용 벌집 확보를 위해 산란 받기 하루 전에 비어 있는 벌집 한 장을 우수한 봉군으로 선발한 벌통에 넣어둔 후, 이튿날 이 봉군의 중앙 산란권에 넣어주면, 여왕벌이 바로 산란을 시작하여 4~5일 후에는 이충移蟲, Grafting할 수 있는 어린 유충들이 확보된다. 이충 적기는 알에서 부화 후 18~36시간이 지났을 때이며, 크기로는 알 크기의 1~1.5 배일 때가 적당하다. 로열젤리를 발라준 왕완王椀, Queen cell cup에 이충침을 이용하여 유충을 조심스럽게 이충하고(그림 14-2), 이충이 끝난 즉시 인공왕대 육성군에 삽입해야 한다.

인공왕대 육성군은 어린 육아봉이 많고 식량이 충분한 강군을 이용해야 어린 여왕벌 유충이 충분한 영양을 공급받아 건강하게 자랄 수 있다. 무왕군이 가장 좋지만, 격왕판을 이용하여 여왕벌이 접근하지 못하게 한 후, 어린 일벌이 많이 태어나고 있는 봉개 벌집 사이에 넣어주는 방법도 있다. 이 인공왕대 육성군에는 풍부한 식량(특히 화분)이 공급되어야 한다. 그림 14-3은 인공왕대로 여왕벌을 생산하여 교미 신왕을 양성하기까지의 일정을 예시한 것이다.

그림 14-2. 일벌 유충을 이충하는 모습

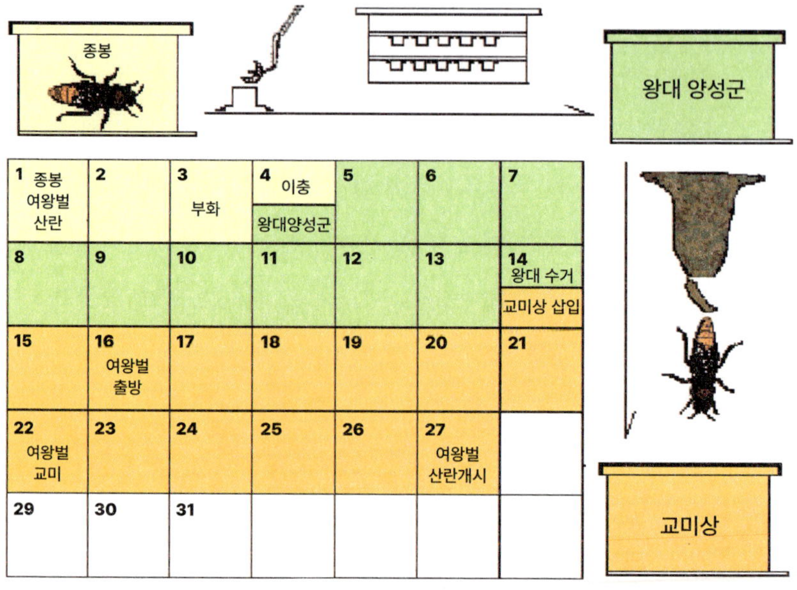

1 종봉 여왕벌 산란	2	3 부화	4 이충 왕대양성군	5	6	7
8	9	10	11	12	13	14 왕대 수거 / 교미상 삽입
15	16 여왕벌 출방	17	18	19	20	21
22 여왕벌 교미	23	24	25	26	27 여왕벌 산란개시	
29	30	31				

그림 14-3. 인공왕대에 의한 여왕벌 양성 일정(Glenn Apiaries 제공)

여왕벌 교미

왕대 육성 봉군에 이식한 유충은 약 12일이 지나면, 처녀 여왕벌로 출생한다. 여왕벌이 출생하기 1~2일 전, 미리 성숙한 왕대를 떼어내서 교미군에 직접 넣어주는 것이 좋다. 왕대를 수거하는 데 적합한 시기는 왕대가 봉개된 지 6일째, 이충 후 11일로서 왕대가 충분히 성숙하여 출방하기 직전이며, 너무 이른 것은 좋지 않다.

다수의 여왕벌을 육성하는 경우, 정상적인 봉군에 한 마리씩 여왕벌을 넣어 교미를 유도하는 것은 비효율적이기에, 대개는 특별히 작은 봉군을 만들어 여기에 왕대 또 처녀 여왕벌을 수용하여 교미를 유도한다. 이러한 작은 봉군을 교미군 또는 핵군核群, Nucleus colony, nuc이라고 한다.

교미 벌통Mating hive은 교미군을 수용하는 소형 벌통을 말한다. 특별히 작은 벌통으로 제작하거나, 2~3매 표준규격의 벌집 크기로 여러 교미군이 수용될 수 있는 칸막이 벌통(보통 4군)을 많이 사용한다.

교미 통에는 수백 마리의 어린 일벌과 2~3매 벌집을 넣어 처녀 여왕벌이나 왕대를 유입한다. 일반적으로 교미군은 세력이 아주 약하고 불안정한 봉군이기 때문에 도망하기 쉽다. 따라서, 충분한 먹이가 있어야 함과 아울러 도봉도 주의해야 한다.

처녀 여왕벌은 왕대에서 출방 후 약 6~10일에 교미하는데, 교미가 공중에서 일어나기 때문에 잠자리나 말벌, 새에게 잡아먹힐 수가 있으며, 때에 따라서 다른 벌통에 잘못 들어가서 죽는 경우도 있다. 교미 전후에 여왕벌의 유실이 확인되면, 새 처녀 여왕벌이나 왕대를 넣어 다시 교미를 유도한다. 교미군의 내검은 낮에는 피하고 저녁에 하는 것이 좋다.

여왕벌의 교미 여부를 확인하기 위해서는, 여왕벌이 출방한 지 약 10일 후 저녁 시간에, 교미 통 덮개를 조심히 열어 벌집에 산란했는지 여부를 관찰한다. 여러 곳에서 알이 확인되면 여왕벌이 무사히 교미를 끝낸 것으로 간주한다. 보통 한 벌방에 산란한 알이 여러 개 있는 것을 볼 수 있는데, 이는 여왕벌이 교미 후 첫 산란할 때는 무작위로 산란하는 현상이다.

그 후 다시 10일이 지나서 봉개된 일벌 방들의 벌집 면이 고르게 형성되면, 여왕벌의 교미와 수정은 성공적으로 완성된 것으로 볼 수 있지만, 봉개 벌집 면이 불규칙하거나 빈 곳이 많으면 여왕벌 건강에 이상이 있거나, 교미가 불완전한 것 또는 근친 교배한 것으로 판단할 수 있다. 이와 같은 여왕벌은 즉시 제거하고 다시 새 여왕벌을 양성해야 한다.

여왕벌 표식

여왕벌은 다른 일벌에 비하여 몸이 크지만, 비슷한 색채의 수많은 일벌과 혼재하면 찾는 데 어려움을 겪는다. 그래서 여왕벌 가슴의 등판에 밝은색 에나멜 물감이나 마커 펜으로 색칠하거나, 고유 숫자를 표시한 둥근 소형 딱지를 접착하면 쉽게 여왕벌을 찾을 수 있고, 여왕벌의 나이나 계보 추적이 가능하여 매우 편하다(그림 14-4). 일반적으로 여왕벌이 교미를 마친 후 정상적인 산란 활동을 확인한 후 표식 작업을 하는데, 여왕벌을 손쉽게 포획하여 표식을 할 수 있는 도구가 상품으로 나와 있으며, 보통 날개 자르는 작업과 병행하기도 한다.

여왕벌이 교미가 끝나고 산란하기 시작하면, 교미 후 분봉하거나 도망할 경우를 대비해 날개를 잘라주는데, 여왕벌의 가슴 부위를 살짝 잡아 끝이 잘 드는 가위를 준비하여 앞날개 끝을 $\frac{1}{3}$정도로 잘라낸다(그림 14-4). 이때 흉부를 힘껏 누르거나 잘못하여 다리를 자르는 경우가 있어 주의해야 한다. 또한 여왕벌의 나이를 시별하도록 홀수년에 나온 새 여왕벌은 왼쪽날개를 자르고 짝수년에는 오른쪽날개를 자르는 방법을 사용하기도 한다.

그림 14-4. 여왕벌 표식과 날개 자르기

여왕벌 유입

봉군에서 여왕벌이 갑자기 사망하거나 노쇠하면, 확인 후 교미를 마친 새 여왕벌로 교체해야 한다. 새 여왕벌을 봉군에 유입할 때는 이에 적합한 환경을 조성해야 한다. 만약 여왕벌 유입 과정을 소홀히 하면, 적대적인 일벌들의 공격을 받아 여왕벌이 죽는 일이 생긴다. 여왕벌을 유입할 때, 고려해야 할 점은 다음과 같다.

① 여왕벌 유입은 무밀기에는 매우 어렵다. 반면에, 유밀기에는 유입이 쉽고, 직접 유입도 가능하다.

② 강군보다 약군에 유입이 쉽다. 어린 일벌은 여왕벌을 잘 수용하고, 늙은 일벌은 공격성이 강하다.

③ 무왕군에 알과 유충이 없어 스스로 변성왕대를 만들 수 없을 때에는 유입
이 쉽다.

④ 무왕군에 산란성 일벌이 생긴 후에는 일벌들이 여왕벌에 적대감을 가져
유입이 매우 어렵다.

⑤ 처녀 여왕벌은 상대적으로 유입이 어렵고, 산란하는 여왕벌은 유입이 잘
된다.

⑥ 도봉이나 개미, 말벌의 습격을 받은 후에는 유입이 어렵다.

여왕벌을 유입하는 데는 다양한 방법이 있는데, 상황과 여건에 따라 적당한
방법을 선택해야 한다. 유밀기에는 아무런 사전 조치 없이 직접 유입할 수 있다.

무밀기에 여왕벌을 유입할 때는 점진적인 유입 방법을 활용한다. 먼저 유입하
려는 여왕벌을 5~6마리 어린 일벌과 함께 왕롱에 넣고, 왕롱의 먹이 통로에 연당
이나 결정 꿀을 듬뿍 넣어 벌통 내 저밀 벌집 사이에 걸어놓는다. 처음에는 일벌
이 왕롱에 뭉쳐 여왕벌을 공격하지만, 시간이 지나면서 친밀해진다. 하루 지나 왕
롱에 붙어있는 벌을 물러나게 한 후 먹이 통로 입구를 열어서 다시 걸어두면, 일
벌들이 먹이를 먹으면서 여왕벌과 함께 기어 나와 자연스레 봉군에 합류한다.

여왕벌 평가

여왕벌의 가치는 우선 세력이 왕성한 봉군을 유지할 수 있는 산란능력에 의하여
결정된다. 아무리 우수한 유전형질을 지닌 여왕벌이라도 강군을 조성할 만한 산
란력을 보유하지 못하면 결코 우수한 여왕벌이 될 수 없다.

여왕벌의 산란능력은 여왕벌이 발육하는 과정의 환경 조건에 큰 영향을 받는
다. 예를 들면, 산란력에 영향을 주는 여왕벌의 건강과 체력은 주로 유충 발육 기
간 중의 먹이의 양과 질에 큰 영향을 받는다. 즉, 로열젤리(왕유)를 분비하는 일벌
의 수, 화분의 질과 양, 동시에 양육된 왕대의 수 등에 의하여 영향을 받는다.

여왕벌은 같은 계통이나 품종이라 하더라도 색채와 크기가 조금씩 다르다. 여

왕벌 난소에 있는 난소소관 수는 체구와 상관이 없고, 부화 후 12~72시간의 유충으로부터 양성한 여왕벌들도 이충 시간에 따른 난소소관 수에는 유의한 차이가 없는 것으로 알려져 있다.

일반적으로 여왕벌은 미검증 여왕벌Untested queen, 검증 여왕벌Tested queen, 선발검증 여왕벌Select-Tested queen 및 육종용 여왕벌Breeding queen로 구분한다. 미검증 여왕벌이란 산란력을 검정하지 않고 여왕벌이 산란을 시작한 직후 분양하는 경우를 밀한다. 검증 어왕벌이란 어왕벌이 산란한 알에서 태어난 일벌의 동질성 여부가 검증된 여왕벌을 가리킨다. 이때 여왕벌에서 태어난 일벌들 몸의 색채는 수벌 상호 간 동일 혈통인 수벌들과 교미를 마쳤나를 알 수 있게 한다.

선발검증 여왕벌이란 단일계통 수벌과의 교미는 물론 여기서 태어난 일벌의 수밀력, 내병성, 온순성 등 여러 유전형질을 검증하여 선발한 여왕벌을 말한다. 선발검증이 끝난 여왕벌은 후대 처녀 여왕벌까지도 위 요소들에 부합되는가를 검정하여 육종용으로 이용하게 된다.

육종용으로 분양하는 여왕벌들은 원하는 유전 특성을 잘 갖고 있는가, 그리고 후대 여왕벌까지 특성을 보전하고 있는가를 검정해야 한다. 여왕벌 종봉을 전문 생산하는 양봉가들은 특히 일정한 노력과 기술이 필요한, 여왕벌에 대한 정확한 검증과 품질 평가의 중요성을 인식하여야 한다.

여왕벌의 계통 판별 시에 균일한 색채를 띠는 일벌과 수벌을 생산하는 여왕벌은 순수 혈통의 어미로부터 유래하여, 동일 계통의 여러 수벌과 교미를 마친 것으로 간주할 수 있다. 여왕벌은 공중에서 교미하기 때문에 여왕벌과 교미하는 여러 수벌이 반드시 같은 계통의 것이라고 단정할 수 없다. 따라서 한 여왕벌이 있는 봉군 내에서도 여러 색채의 일벌들이 나올 것이며 출생하는 처녀 여왕벌들도 같은 현상을 보일 것이다. 실제로 여러 수벌과 다중 교미를 한 여왕벌의 경우, 한동안 색채가 균일한 일벌을 낳다가 이후 색채가 다른 벌을 생산하는 경우를 쉽게 본다.

수벌은 무정란에서 발생하므로, 여왕벌이 어떤 수벌들과 교미를 했는지 관계

없이 그 여왕벌이 낳는 수벌은 어미 여왕벌의 유전적 특성만을 갖는다. 즉 여왕벌이 생산한 수벌의 색채 분포는 그 여왕벌 자체가 순수 계통인지 교잡 계통인지를 판별하는 좋은 단서가 된다.

3. 여왕벌 인공수정

여왕벌은 정해진 공중에서 교미하는 습성이 있어서, 우리가 원하는 계통의 수벌과 인위적으로 계획교배를 할 수가 없다. 따라서 자연 교미에 의존한 순종 보존과 품종 개량이 굉장히 어려웠다.

1940년대 이전까지 많은 학자와 양봉가들이 여러 가지 방법을 동원하여 여왕벌과 수벌을 인위적으로 교배하기 위하여 큰 노력을 기울였다. 그러나 대부분 방법이 수포가 되고, 1940년대에 들어서 레이드러Laidlaw와 매켄슨Mackensen이 인공수정 기구와 여왕벌 이산화탄소 마취법을 개발함으로써 여왕벌 인공수정 기술이 획기적으로 발전하게 되었다.

이제는 원하는 수벌의 정액을 채취하여 처녀 여왕벌에 주입하는 인공 교배가 이루어져 적극적인 꿀벌 육종이 가능해졌을 뿐만 아니라, 여왕벌을 대량으로 안전하게 수정시켜 보급하는 차원에 이르렀다. 꿀벌 육종을 하거나 우수 품종을 계속 유지하고자 할 경우에는 필히 여왕벌 인공수정 기술을 확보해야 하는데, 이를 위해서는 일정 기간 훈련과 연습이 필요하다(그림 14-5).

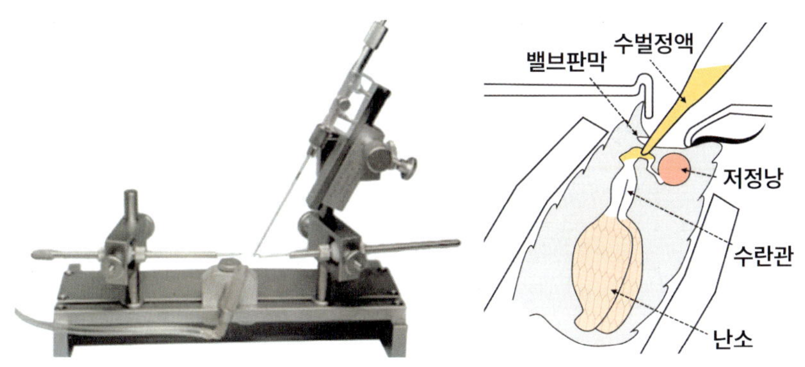

그림 14-5. 여왕벌 인공수정기와 인공수정 장면 모식도

수벌 정액 채취

1. 정액 채취용 수벌 수집

수벌의 정액을 채취하기 위해서는 수벌 우화용 케이지에서 별도 사육하거나, 벌통 내외부에서 채집하여 격왕판을 잘라서 만든 작은 케이지에 보관하며 정액을 채취한다. 벌통에서 수집한 수벌은 일벌의 보호를 받지 못하면 쉽게 죽으므로 28˚C (습도 70% 이상) 항온기에서 보관해야 한다. 정액 채취에 적당한 수벌은 출방하여 15일~21일이 된 것이 좋다. 한 달 이상이 되면 정액이 갈색으로 변하며 정자 수가 떨어져 수정률이 현저히 낮아진다.

2. 정액 추출 방법

적정 일령의 수벌을 오른손 엄지와 검지로 머리가 등 쪽으로 향하도록 잡아 왼손 검지로 등 쪽 복부를 눌러주면 성숙한 수벌은 단단한 감촉이 느껴지며 생식기가 돌출하는데, 끝이 오렌지색이면 성숙한 것이므로 채취에 적당하고 노란색이나 흰색은 미성숙 수벌이다. 수벌을 왼손으로 옮겨 잡아 엄지와 검지로 복부 등을 잡아 천천히 쥐어짜면 정액이 노출된다(그림 14-6). 이때 인공수정기의 가는 실린지를 이용하여 정액을 채취하는데, 채취 부분은 정자가 많은 연한 커피색 부분이며, 흰색 점액 부분에 닿으면 실린지가 막히기 쉬우므로 주의가 필요하다.

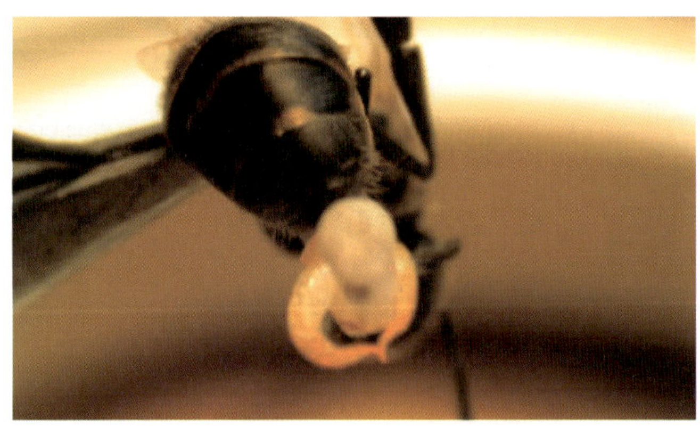

그림 14-6. 돌출한 수벌의 생식기와 정액

　　한 마리 여왕벌에 주입하는 정액의 양은 8μL가 적당(실린지의 2cm 길이)하고 수벌 한 마리에서 1μL를 채취할 수 있으므로, 여왕벌 한 마리당 총 8마리 정도의 성숙한 수벌이 필요하다. 만약 수벌 1마리에서 채취한 정액만 수정하면 여왕벌이 산란 활동을 몇 달밖에 지속하지 못한다.

여왕벌 난소 정액 주입

먼저 초당 2~3방울 가스 분출 속도로 관(그림 14-7, 2)을 연결하여 여왕벌을 이산화탄소CO_2 마취를 한다.

　　인공수정기의 배쪽 갈고리Ventral hook, 3를 먼저 여왕벌 꽁무니에 걸고, 다음 등쪽 갈고리Dorsal hook, 4로 벌침을 걸어서 벌침 방Sting chamber을 연 후, 난소 입구에 실린지(1)의 끝을 밀어 넣어 주입하는데, 난소 관 입구의 밸브 판막Valve-fold을 젖히기 위해 약간 위로 젖힌 후 실린지를 다시 밀어 넣어 정액을 주입한다.

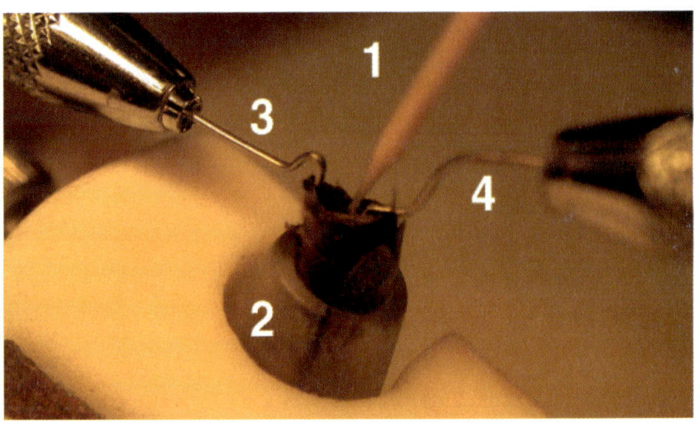

그림 14-7. 여왕벌 고정 장치와 정액 주입기

인공수정 여왕벌 관리

인공수정 직후, 정액은 대부분 난소관에 머물다가 24시간 내에 정자가 저정낭Spermatheca으로 이동하기 시작하고, 2~3일이 지나서 저장낭에 안착하여 장기간 저장된다. 5~7일이 지나면 본격적으로 산란을 시작한다.

수정한 여왕벌은 일벌이 200마리 이상이 있는 핵군에 넣거나 여왕벌이 없는 일반 무왕군에 유입하여, 정상적으로 산란하는지를 관찰하여야 한다. 이때 이산화탄소 마취에 의해 여왕벌을 인공수정하고, 약 24시간 후에 다시 이산화탄소로 3~4분 마취를 하고 나서 봉군에 유입하면, 여왕벌의 난소가 조기에 활성화되어 산란이 일찍 시작된다.

제15장

꿀벌 병해충 관리

꿀벌은 좁은 벌통에서 집단생활을 하는 특성으로 인하여 질병의 발생 가능성이 매우 높으며, 일단 발병하면 봉군 전체에 급속히 전파되어 피해가 확산한다. 따라서 꿀벌 질병에 대한 정확한 지식을 토대로, 사전에 병을 예방하는 것이 매우 중요하며 병원체, 증세, 감염력 등에 대한 기초 지식을 숙지함으로써 병의 조기 진단과 예방, 적절한 치료가 가능하다. 꿀벌에 발생하는 질병은 병원체에 따라 세균, 진균, 바이러스에 의한 병으로 구분된다.

한편 꿀벌에 기생하는 꿀벌응애와 중국가시응애는 그 피해가 심각하므로, 이들의 생활사를 잘 이해하여 방제 대책을 세우는 것이 건강한 꿀벌 봉군관리에 매우 중요하다.

1. 세균에 의한 질병

미국부저병

미국부저병American Foul brood, AFB은 1877년 뉴질랜드에서 처음 기록되었으며,

20세기 초에 전 세계로 전파되었다. 1950년대 국내에서도 대발생한 적이 있다. 미국부저병은 초기에 적합한 방제 대책을 마련하면 방제가 가능하다. 하지만 미국부저병은 전염성이 매우 강하고 질병이 진전된 후에는 방제가 어렵다. 세계적으로 꿀벌에 가장 피해가 심한 질병 중 하나이다.

호주, 뉴질랜드에서는 이 병을 법정 전염병으로 지정하여, 정부에서 예찰과 방제를 관리하는 제도가 있다. 호주는 확인되면 정부에서 소각 조치하거나, 빈 벌통을 방사선 처리를 해주기도 한다.

병원균 *Paenibacillus larvae*은 그람양성의 간균(2.5~5.0㎛×0.7~0.8㎛)으로, 편모에 의한 운동성을 보유하고 있다. 내생포자는 내열성, 화학 살균제에 대한 저항성이 강하며 건조 상태로 벌집에서 35년간 병원력을 가진다. 내생포자가 유충의 입(먹이)을 통해 침입, 중장에서 영양 세포로 발아하여 증식하며 혈림프를 통해 온몸에 퍼져 유충이 사망한다. 죽은 유충에서 다시 내생포자를 형성하여 확산한다.

1. 증상과 진단

잠복기는 약 13일이며 감염된 지 10~15일 후가 되면 번데기가 될 무렵의 유충의 체색이 유백색에서 갈색으로 변하며 죽는다. 죽은 유충은 진한 갈색을 띠며, 물러 터져 끈끈한 액상으로 변한다. 사체에서는 고기 썩는 냄새가 나며, 봉개가 함몰되거나 구멍이 생긴다(그림 15-1-A). 유충은 점착성이 있어, 그림 15-1-C와 같이 성냥개비를 넣어 당겨보면, 아교처럼 길게 딸려 나오는 점으로 쉽게 진단할 수가 있다. 성충으로 발육하다 죽으면 그림 15-1-B와 같이 혀만 보이게 된다.

그림 15-1. 미국 부저병에 의한 유충과 번데기의 감염 증상(A~C)과 항생제 분말 처리(D)

2. 감염과 전파

일벌이 유충에게 먹이를 공급하는 과정에서 내생포자가 전염된다. 병원균이 꿀벌 유충에만 특이하게 감염되기 때문에, 성충에는 포자가 내재하여도 발병하지는 않는다. 일벌이 죽은 유충을 제거하는 과정에서 벌집과 일벌 사이에 확산한다. 일벌의 직간접적 접촉과 오염된 양봉 기구, 벌꿀에 의해 전염된다. 오염된 꿀에 도봉이 접촉하면 다른 봉군으로 빠르게 전염된다.

3. 예방

미국부저병 피해로 인해 세력이 약해진 봉군은, 도봉을 통해 병이 확산할 수 있기에 각별히 유의하여야 한다. 질병 증상이 만연한 양봉장 근처에 벌통을 배치하지 말아야 한다. 오염된 벌꿀이나 벌집을 공급하는 일을 삼가야 하고, 오염된 양봉 기구는 소각하거나 화염, 알코올, 이산화염소 등으로 철저하게 소독해야 한다.

4. 방제

미국부저병은 전염성이 매우 강하고 항생제 치료가 어려워서, 증상이 심하면 벌통 전체를 소각하는 것이 최선책이다. 벌들이 모두 들어온 저녁에 벌통 문을 닫고, 구덩이에 넣은 후 석유를 뿌려 완전하게 소각한다.

감염 초기에는 옥시테트라사이클린Oxytetracycline, OTC 항생제에 의한 치료가 가능한데, 부득이 사용해야 할 경우에는 분말로 투여하는 것을 권장한다. 테라마이신 유효성분 200mg(60mg/kg 함량의 동물약품 3g)을 가루 설탕(분당) 30g과 혼합하여 벌통에 투여하는데, 벌집틀 위의 구석이나 벌통 바닥에 뿌려준다(그림 15-1-D). 필요시 4~5일 간격으로 총 3회 투여한다.

벌꿀에 잔류할 위험성을 낮추고 병원균의 내성 증가를 방지하기 위해서는 반드시 적정 약량 및 투여 시기(유밀기 45일 전)를 준수해야 한다. 피해가 심하거나 항생제 치료 효과가 없을 때는, 계속 전파될 위험이 있어 반드시 땅을 파고 소각해야 한다. 유럽과 뉴질랜드에서는 옥시테라마이신 사용을 금지하고 있고, 우리나라를 포함한 대부분 나라에서는 잔류 기준 이하에서 허용된다.

유럽부저병

유럽부저병European foul brood, EFB 은 세계적으로 만연하는 세균성 유충 질병으로 미국부저병과 증상이 유사하다. 방제를 위해서는 정확한 진단이 필요하며, 꿀벌이 열악한 환경에 처하여 스트레스를 받게 되면 발생하기 쉽다.

유럽부저병은 봄~여름철 약군에서 주로 발생한다. 병원균*Melissococcus plutonius*

은 그람양성의 구간균(0.5㎛×1.0㎛)으로 운동성이 없고 내생포자를 만들지 못한다.

1. 증상과 진단

감염되면 어린 유충이 유백색에서 황갈색, 그리고 점차 갈색으로 변하여 죽으며 구부렸던 유충의 몸이 펴진다(그림 15-2). 감염 유충에 아교와 같은 점착성이 있는 미국 부저병과 달리 감염 유충에 점착성이 없다. 그러나 2차 침입균*Paenibacillus alvei* 등에 의해 다소의 점착성을 가질 수 있다. 보통 사망 후 일벌에 의해 바로 제거되므로, 벌 방에서 발견되는 일이 드물고 마른 사체 등의 흔적도 거의 없다.

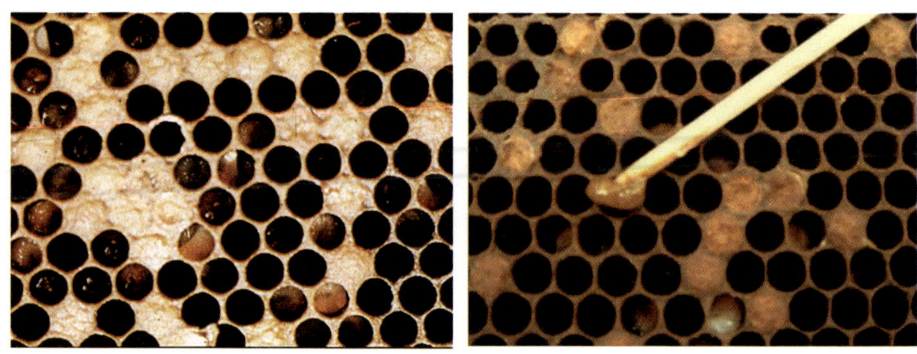

그림 15-2. 유럽 부저병의 감염 증상

2. 감염과 전파

유충의 입을 통하여 감염되며 중장中腸으로 침입하여 증식한다. 약 4일이 지난 꿀벌 유충부터 증세가 나타나고 번데기가 된 지 1~2일 만에 사망한다. 감염경로는 미국부저병과 유사하며 일벌 간 직간접 접촉이나 도봉, 오염된 벌꿀과 양봉 기구에 의해 전파된다.

3. 방제 관리

예방과 방제는 미국부저병과 동일하나 상대적으로 확산 속도가 느리고 피해도 비교적 적게 나타난다. 옥시테트라사이클린으로 방제 효과를 기대할 수 있다. 사용 방법은 미국부저병에서 설명한 분말 투여를 권장한다. 감염 초기에 유밀기가 되거나, 벌 무리의 세력이 커짐에 따라 저절로 치료되기도 한다. 증세가 적은 봉군은 합봉하여 세력을 강화하거나 벌집 수를 줄여 밀집시키는 것을 권장한다.

유럽부저병은 스트레스성 만성 질병으로, 사전에 주의를 기울여 관리하면 항생제를 사용하지 않고도 예방이 가능하다. 예방을 위해 매년 새로운 여왕벌로 교체하고 벌통을 청결한 상태로 유지하며, 항상 충분한 먹이를 확보하여 양호한 영양 상태를 유지하는 등 철저한 관리가 필요하다.

2. 진균에 의한 질병

백묵병

백묵병Chalk brood 병원균은 곰팡이*Ascosphaera apis*이며, 1.0μm×2.5μm 크기의 타원형 포자가 유충의 입으로 침입한다. 중장에서 발아한 후, 균사菌絲가 증식하면서 유충이 사망한다. 포자는 10년~15년까지 병원성을 갖는다.

1986년부터 약 5년간 국내에서 대발생한 이후로, 점차 대부분 봉군이 내성을 보유함으로써 강한 세력과 우량 여왕벌로 잘 관리한다면, 백묵병은 심각한 피해를 주지는 않는다. 산란력이 떨어진 봉군과 환기가 되지 않은 벌통에서 백묵병이 주로 발생한다. 따라서 미등록 약제에 의존하기보다는 여왕벌 교체와 강한 세력 관리, 벌통 내부 환경 개선으로 예방에 치중해야 한다. 유밀기에 세력이 강해지면서 증상이 없어지기도 한다. 세계적으로 백묵병 치료를 위해 어떠한 항생제도 추천하지 않는다.

1. 증상 및 진단

백묵병 포자가 벌 유충 체내에 침입하여 중장에서 균사 형태로 증식한 후, 유충의 몸 표면을 뚫고 나와 표피를 덮는다. 감염 유충은 점차 수분을 잃고 딱딱한 미라 형태로 죽는데, 죽은 유충은 균사가 솜처럼 하얗게 부풀어 오른다. 유충에 침입한 포자가 하나의 균주일 경우에는 표피가 백색이 되고, 두 균주(+ 와 −)가 함께 침입했을 때는 흑색으로 변한다. 벌통 바닥과 입구에는 일벌이 벌집에서 제거한 유충의 희거나 검은 미라가 혼재하여 발견된다(그림 15-3).

그림 15-3. 백묵병 감염 유충과 벌통 바닥의 죽은 유충의 미라 형태

2. 감염과 전파

포자의 형태로 일벌이 어린 유충에 먹이를 주는 과정에서 감염되고, 사체를 일벌이 제거하는 과정에서 봉군 전체로 전파된다. 오염된 화분을 섭취하거나 일벌 간의 접촉과 오염된 양봉 기구를 통해서 봉군 간에 전파한다.

3. 방제법

등록된 방제 약제가 없어서 철저한 예방이 최선이다. 포자에 의해 감염되므로 다습 조건을 피하고, 벌통이 환기가 잘되도록 하며 벌통을 지면에서 떨어지도록 20~30cm 높이로 고이는 것이 좋다. 오염된 벌꿀과 벌집, 양봉 기구 등의 접촉을 차단하고, 오염 화분으로부터 포자가 유입되므로 화분 떡을 공급할 때 주의해야 한다. 발생이 확인되면 벌통 내 죽은 유충과 배설물을 청소하고 습기를 제거하며, 벌집을 밀집시켜 유충의 체온을 유지하고, 일벌이 잘 청소할 수 있도록 도와주어야 한다.

무엇보다 항상 강군으로 세력을 유지하는 일이 중요하다. 필요하면 발생이 심한 벌집을 제거하고 나머지는 합봉할 수 있다. 백묵병에 잘 걸리는 봉군은 여왕벌을 제거함으로써 저항성 계통으로 개선하는 것도 백묵병에 대한 장기적 예방에 큰 도움이 된다.

석고병

백묵병과 유사한 석고병Stone brood은 매우 드물게 나타나는 진균성 질병이다. 1906
년 진균(*Aspergillus* 속)에 의한 유충 질병으로 기록한 이후, 현재까지 대표적인 균으
로 *Aspergillus flavus* 외에 *A. fumigatus, A. niger*과 같은 여러 종이 밝혀졌다. 이들은 흰
실 같은 균사가 자라며 균사 끝에 여러 개의 포자를 형성한다. 포자가 유충의 소
화기 안에 들어가 곧 발아하여 균사를 만들고 균사가 각 조직에 침투하여 독소를
분비한다. 번데기와 성충에도 영향을 준다.

1. 증상

피해 유충은 반짝이는 윤기가 없어지고 죽은 유충은 몇 시간 내에 단단하게 굳는
다. 죽은 지 하루가 지나면 유충은 주름이 진다. 곰팡이는 유충의 표피를 통해 둥
글게 자라 머리 뒤쪽에 목걸이 모양과 같이 보이고 이어서 표피에 뒤덮여 퍼진
다. 며칠 지나면 죽은 유충은 돌처럼 아주 단단해진다.

2. 예방

발병을 환경을 제거하기 위해서는 육아 벌집을 건조한 상태로 유지해야 한다. 겨
울과 봄에는 충분한 먹이와 적당한 환기가 필요하다. 관리를 잘하면 큰 문제가
되지 않는다.

노제마병

노제마병 병원균의 주요 종(*Nosema apis*와 *N. ceranae*)은 미포자충Microsporidian으로
최근 원충에서 진균으로 분류되었다. 노제마 아피스*Nosema apis*의 포자 크기는
3×6μm이고, 노제마 세라니*N. ceranae*는 2.7×4.7μm로 다소 작고 둥글다. 이들 포
자는 병원력이 매우 강하고, 여름철에는 1개월, 늦가을에는 월동이 가능할 만큼
오랜 기간 생존한다. 일반적으로 세라니*N. ceranae*가 감염과 피해율이 높다.

노제마병은 성충의 소화기와 부속기관에 병원균이 기생함으로써 피해를 주

는 만성 질병으로, 성충에 감염되어 봉군의 세력을 약화하고 생산성을 감소시킨다. 감염률은 지역별로 많은 차이를 보인다. 계절별 감염률은 봄철에 가장 높고 여름철로 가면서 현저하게 감소한다.

1. 증상 및 진단

노제마병은 겉으로 드러나는 뚜렷한 감염 피해증상이 없어 진단이 어렵다. 봄철에 심하게 감염되면 일벌들의 활동이 둔해져 날지 못하고 기어 다닌다. 심할 때는 복부가 부풀고, 설사를 유발하여 벌통 주변에 많은 배설 흔적을 남긴다.

병원균이 소화관에 증식하여 영양 부족을 초래하므로 일벌의 수명과 수밀력을 감소시킨다. 여왕벌이 감염되면 산란력이 떨어지고, 심하면 산란 중단 후 사망한다. 가을에 심하게 감염되면 월동 과정에서 많은 일벌이 죽어 폐사의 원인이 된다. 한편 노제마에 감염되면, 이에 따라 마비병 바이러스류에 감염될 가능성이 더욱 높은 것으로 알려졌다.

일벌의 복부에서 중장을 뽑아내 보면 건강한 일벌의 중장이 갈색 혹은 암갈색이지만, 감염된 일벌은 우윳빛으로 부풀어 있다. 정확한 진단을 위해 광학현미경(400배율 이상)으로 중장의 내용물을 확인하면, 감염되었을 경우 수많은 포자를 관찰할 수 있다(그림 15-4).

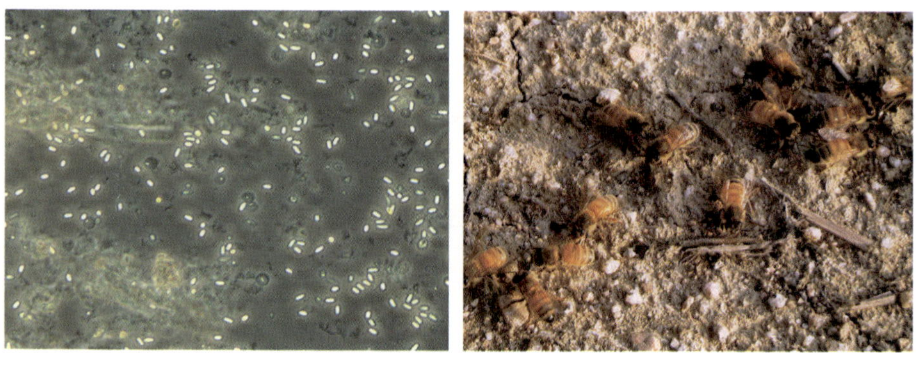

그림 15-4. 현미경으로 관찰한 노제마 병원균(*Nosema apis*와 *N. ceranae*) 포자(x400)와 노제마 감염으로 활동이 둔화한 일벌

감염경로는 성충의 입을 통하여 중장에 침입하여 발아하고 원형체, 영양체를 거쳐 다시 포자 형태로 변환되고, 꿀벌의 배설물을 통해 밖으로 나온다. 따라서 외부 배설물이 전파의 원인이 된다. 가을철 감염 봉군이 월동 후 봄철에 병을 확산시킬 수 있다. 겨울과 이른 봄에 도봉, 야외에서 오염된 화분, 배설물로 오염된 벌집, 오염된 양봉 기구에 의해 전파되고, 특히 봉군 세력이 약할 때 전염이 잘된다.

3. 예방과 치료

감염 봉군의 배설물이 타 봉군으로 확산하는 것을 방지해야 한다. 도봉을 방지하고, 벌통과 양봉 기구를 철저히 소독해야 하는데, 60°C의 물에 10분간 담그거나 70% 에탄올을 충분히 분무한다. 50°C에서 24시간 고온처리를 해도 양봉 기구에 묻어있는 노제마 포자를 살균할 수 있다. 부탄가스와 토치로 화염 멸균하는 것도 좋은 방법이다.

미국에서는 푸마길린Fumagillin을 투여하는 치료 방법을 허용하고 있으나, 유럽과 호주에서는 사용하지 못한다. 치료 또는 이른 봄 혹은 가을에 사전 예방을 하고자 할 때는 봉군 당 1g을 소량의 찬물에 녹인 후 설탕물(1:1) 적당량에 혼합하여 투여한다. 감염이 심하면 1주일 간격으로 반복한다. 항생제이므로 잔류하지 않도록 유밀기 한 달 전까지 투약을 마쳐야 한다. 노제마 세라니N. ceranae는 저농도 푸마길린에서는 방제효과가 없다.

노제마 병원균의 증식을 최소화하는 예방 방법으로는 가능한 일벌이 많은 강군으로 육성하고, 봄철에 봉군을 차갑고 습하며 그늘진 곳에 배치하지 말고, 날씨가 차가울 때는 내검을 삼가는 것이 좋다.

3. 바이러스 질병

꿀벌 바이러스는 1963년 서양꿀벌에서 처음으로 분리되었다. 꿀벌이 질병 바이러스에 감염되면 꿀벌 유충이 번데기가 되지 못하거나 일벌이 급성, 만성의 마비를 일으킨다. 날개가 기형이 되거나 불투명한 모습이 되기도 한다.

꿀벌의 바이러스 질병에는 급성마비병ABPV, 기형날개병DWV, 캐시미르병KBV, 만성마비병CBPV, 낭충봉아부패병SBV, 이스라엘급성마비병IAPV, 여왕벌집흑색병BQCV 등 그 종류가 20종 이상에 달한다. 바이러스 질병에 대한 치료는 거의 불가능하므로 충분한 영양분 공급과 강군 세력 유지, 주기적인 여왕벌 교체를 통해 면역력을 높여야 하며, 꿀벌에 스트레스로 작용하는 세균과 진균 질병의 감염을 예방하고 바이러스를 직접 매개하는 꿀벌응애, 중국가시응애의 방제를 철저히 해야 한다.

낭충봉아부패병

낭충봉아부패병囊蟲蜂兒腐敗病은 유충이 물주머니처럼 변하여 죽는 바이러스병으로 1917년 미국에서 처음 보고되었고, 지금은 전 세계에 널리 퍼져 있는 질병이다. 국내에서는 서양꿀벌에서 1950년대 처음 확인되었는데, 2010년에는 동양꿀벌에 대발생하여 90% 이상이 폐사한 이후에 계속해서 나타나고 있다. 1984~1986년에는 태국, 미얀마, 인도, 파키스탄, 네팔에서 동양꿀벌에 대발생하여 국가별로 80~95%가 폐사한 기록이 있다.

원인 바이러스 Sacbrood virus, SBV는 30nm 크기이며 전자현미경으로 관찰된다. 어린 유충에만 감염되며, 일벌이 어린 유충에 먹이를 주는 과정에서 전염된다. 바이러스로 사망한 유충의 체내는 바이러스로 가득 찬다. 또한 이때 일벌들이 사체를 제거하는 과정에서 일벌이 바이러스를 확산시킨다.

1. 증상

감염된 유충은 번데기로 발육하지 못하며, 표피가 거칠고 몸이 물주머니처럼 뺏뺏하게 된 후 머리를 위로 향하여 사망한다(그림 15-5, 좌). 죽은 유충의 몸속에 액상 물질이 침착한다. 유충은 황색에서 점차 갈색으로 변하고, 머리 부분은 짙은 암갈색이 되면서 나중에는 말라서 납작하게 된다. 동양꿀벌은 벌통 바닥이나 출입구 주변에, 일벌들이 바이러스에 죽은 유충들을 물어낸 흔적에서 쉽게 피해 발생을 확인할 수 있다(그림 15-5, 우).

그림 15-5. 동양꿀벌의 낭충봉아부패병 감염 증세와 일벌이 벌통 앞에 물어낸 감염 유충

2. 감염과 전파

낭충봉아부패병 바이러스가 애벌레 체내에서 증식하면 번데기로 발육하기 전에 죽는데, 보통 한 마리당 1,000만 개 이상의 바이러스 입자로 증식한다. 애벌레 한 마리에서 증식한 바이러스는 10만~100만 마리의 애벌레를 죽일 수 있는 양이 된다. 그러나 애벌레가 없는 상태에서는 바이러스가 증식할 수 없고, 건조한 환경에 노출되면 급속도로 활성을 잃게 된다.

3. 방제법

바이러스 치료제가 없으므로 봉군 관리에 최선을 다해야 한다. 꿀, 양봉 기구 및 오염 화분으로부터 바이러스가 유입되지 않도록 위생적인 주변 환경 관리에 집중하고, 충분한 화분을 공급하고 봉군 세력을 강화하여 면역력을 높여야 한다.

낭충봉아부패병 감염이 확인된 상황에서는 바이러스의 증식 원인인 애벌레를 제거하는 것이 매우 중요하다. 산란 면적이 좁은 이른 봄철이나 가을철에는 칼로 애벌레가 있는 벌집을 도려내어 제거할 수 있다. 왕성한 번식기에는 여왕벌을 격리하여 애벌레를 점진적으로 소멸시키는 것이 가능하다.

초기 감염 상황에서 저녁에 벌통에 꿀을 공급하게 되면, 일벌이 감염된 애벌레를 빼내고 꿀을 저장하기 때문에 바이러스의 증식을 억제할 수 있다. 궁극적으로는 감염되지 않은 건강한 봉군에서 여왕벌을 양성하여 여왕벌을 교체하는 것이, 낭충봉아부패병 발생과 피해 방지를 위해 가장 근본적인 예방 방법이다.

마비병

스위스의 Huber(1814)에 의해 일벌의 마비 현상이 기록된 후, 1900년대 초부터 여러 학자가 같은 증상을 확인한 바이러스 질병이다. 몸의 잔털이 마모되어 윤이 나고 몸을 떤다. 앞뒤 날개가 분리되며 복부가 부풀어서 날지 못한다. 이 증상은 만성마비병의 증상이며, 영국의 Bailey(1963)는 꿀벌 성충에 마비를 일으키며 사망의 원인이 되는 만성과 급성 두 유형의 바이러스를 확인하였다.

1. 만성마비병

만성마비병 바이러스Chronic bee paralysis virus, CBPV는 크기가 30~60nm이며 감염 증상은 두 유형으로 나타난다. 첫째, 날개와 몸을 떨며 날지 못하여 벌통 출입구에서 많은 수가 기어 다니고, 뒤틀린 날개로 복부가 부풀어 있다. 둘째, 봉군 안에서 건강한 벌이 물어뜯어, 몸의 털이 없어져 검은색으로 반들반들한 모습으로 날지 못하고 죽는 현상이다. 이 바이러스는 유충과 번데기에도 감염이 되고 배설물에서도 검출할 수 있는데, 꿀벌 간 접촉과 먹이를 통해 전염된다.

2. 급성마비병

급성마비병 바이러스Acute bee paralysis virus, ABPV와 캐시미르 바이러스Kashmir bee virus, KBV, 이스라엘급성마비 바이러스Israeli acute paralysis virus, IAPV는 크기가 30nm로, 서로 밀접한 유사 바이러스들로 대부분 뚜렷한 증상은 보이지 않지만, 꿀벌 개체는 물론 봉군 전체를 사망에 이르게 할 수도 있다. 특히 이들은 꿀벌응애가 매개하는데, 꿀벌 성충은 물론 번데기도 감염 후 3~5일 사이에 죽을 수 있다.

3. 예방과 방제

이상의 마비병은 벌통 내에 온도가 낮고 습기가 많을 때 또는, 먹이가 부족할 때 발생하기 쉽다는 의견이 있으나 아직 발병 원인은 뚜렷하지 않다. 또한 이 병은 전염성이 있어서 병든 꿀벌 혹은 갓 죽은 꿀벌에서 건강한 꿀벌로 전파된다는 이론도 있으나, 아직 꿀벌응애 외에는 그 확산 경로에 대해서 확증을 못하고 있다.

다른 바이러스 질병과 마찬가지로 효과적인 방제 약제가 없다. 꿀벌응애와 가시응애를 철저히 방제하여 예방하고, 병든 봉군의 여왕벌은 새 여왕벌로 교체하거나 합봉하여 세력을 강화하고, 벌통 내 환기를 잘해주며 양질의 꿀과 화분을 공급하여 증세를 다소 완화할 수 있다.

4. 기생 응애류

꿀벌응애

꿀벌응애Bee mites, *Varroa destructor*는 학명을 따서 '바로아응애'라고도 불린다. 전 세계로 분포가 확대되었으며, 양봉 산업에 가장 심각한 피해를 주는 외부기생충으로 꿀벌의 유충과 번데기, 성충에 기생하면서 체액을 빨아먹는다. 이 과정에서 여러 바이러스를 옮기고, 이에 따라 번데기는 정상적으로 발육하지 못하며, 성충도 정상 활동을 할 수 없게 된다.

발생이 심하면 봉군 세력이 크게 줄어들어 결국 폐사에 이른다. 세계적으로 화학 약제에 대한 저항성이 발달하여 방제가 점차 어려워지는 실정이다.

세계적으로도 생산 양봉에서 서양꿀벌에 가장 위협이 되는 존재가 꿀벌응애라는 점에서 큰 이의가 없다. 꿀벌응애는 우리나라에서 1950년대에 농가에서 발생이 확인된 이후 국내 꿀벌에 만성적으로 기생하고 있는데, 1992년에 발견된 중국가시응애와 더불어 적극적으로 방제하지 못하면 큰 피해를 입는다.

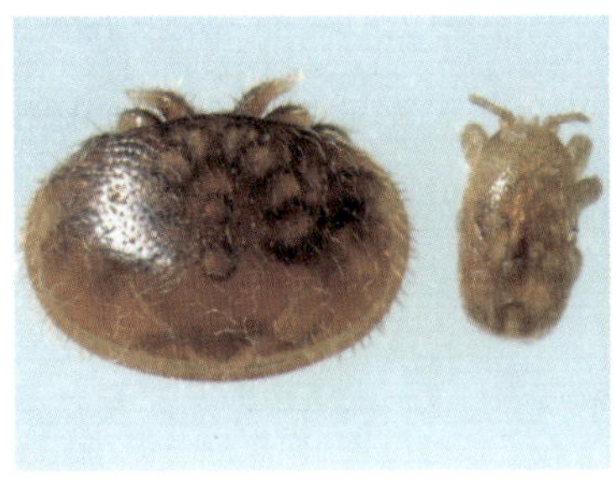

그림 15-6. 꿀벌응애와 중국가시응애(영국 동식물보건국 APHA 제공 ©Crown),
꿀벌응애에 의해 기형날개병 바이러스(Deformed wing virus; DWV)가
발생한 일벌(위쪽: 정상 일벌)

1. 형태와 생태

꿀벌응애 암컷 성충의 크기는 1.1×1.6 mm 정도이고 색은 갈색이며, 표피는 매우 단단하고 등 쪽과 배 쪽이 납작하다. 수컷은 이보다 갸름하고 작다(그림 15-7).

꿀벌응애는 알에서 성충까지의 발육 기간이 암컷은 약 7~8일이고, 수컷은 약 5~6일이다. 암컷 응애가 성충 벌을 떠나 봉개 바로 직전의 일벌 또는 수벌의 유충 방으로 들어가면서 번식 활동을 시작한다. 꿀벌 유충이 번데기가 되면 응애는 외표피를 뚫고 체액을 빨아먹으며, 봉개 60시간 후 알을 낳고 알은 부화하여 암컷으로 발육한다. 두 번째 알은 보통 수컷으로 발육하며, 그 후에는 암컷 알을 30시간 간격으로 낳는다. 다 자란 응애는 벌방 안에서 교미하고, 암컷만이 우화하는 성충 벌에 붙어 벌방을 떠나 근처의 꿀벌로 이동한다(그림 15-8).

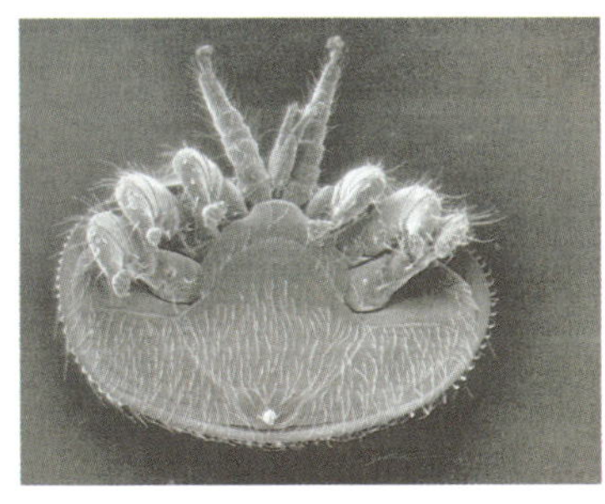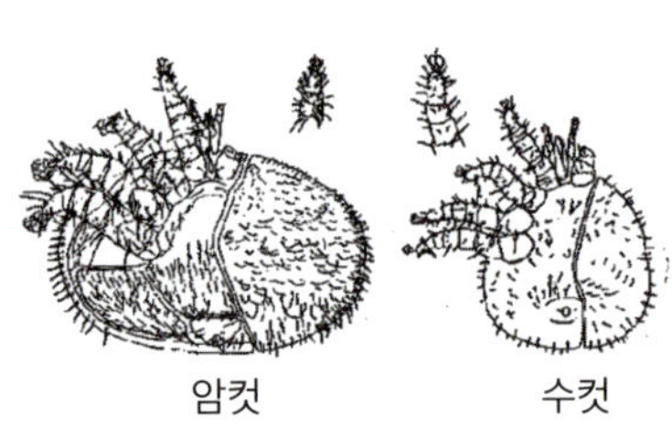

그림 15-7. 꿀벌응애 배면의 주사전자현미경 구조(Alois Wallner, CC BY-SA 3.0)와
암컷과 수컷의 복면과 등면 외부 형태(최, 1987)

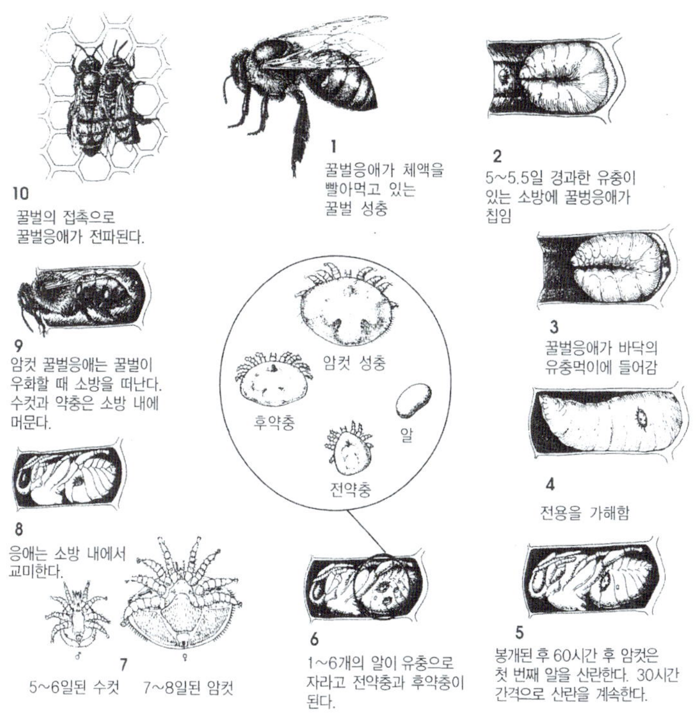

그림 15-8. 꿀벌응애의 생활사(USDA, 2000)

응애 암컷의 수명은 일벌의 수명과 비슷한 4~8주 정도이지만, 시기에 따라 여름에는 2~3개월, 가을에는 5~8개월, 겨울에는 6~8개월로 차이가 있다. 일벌이 월동하는 동안 암컷 응애는 주기적으로 복부의 첫째와 둘째 마디사이의 얇은 막을 통해 체액을 빨아먹는다. 일벌 성충에 대한 기생률은 늦가을에 가장 높고 꿀벌의 번식기인 봄철에는 낮다. 유충 기생률은 봄부터 가을까지 계속 높아지며, 일벌 방보다 수벌 방에서 3~10배 높다.

2. 진단 및 방제

꿀벌응애의 밀도를 쉽게 진단하는 방법으로는, 일벌 성충의 몸에 붙어있는 응애를 설탕분말로 분리하여 그 수를 세는 방법과, 수벌 방 내의 유충과 번데기에 붙어있는 응애를 관찰하는 방법이다. 수벌 번데기를 꺼내 관찰함으로써 응애 감염률을 [(기생 당한 번데기 수/관찰한 번데기 수)×100%]로 산출할 수 있다. 또 다른 방법으로는 흰색 시트지(접착식 벽지)를 벌통 바닥에 깔고 24시간 후에 바닥의 시트지를 꺼내어, 시트지에 붙어있는 자연 사망한 응애 수로 응애 밀도를 추정하는 방법이 있다.

꿀벌응애 방제 방법으로는 플루발리네이트, 플루메트린, 아미트라즈, 쿠마포스, 치미아졸, 브롬프로필레이트 등 유기화합물 방제 약제를 주로 이용하고 있으며, 처리 방법은 스트립, 훈연, 훈증, 분무, 급이 등이다.

현재 가장 많이 사용되고 있는 접촉용 스트립 형태의 약제는 벌들의 활동이 활발한 시기에 효과적이며 기온이 떨어진 시기에는 효율성이 떨어진다. 국내 꿀벌응애에 대한 방제 시기는 월동 전후인 가을과 봄철에 집중해서 처리하고, 봄철 유밀기 이후 무밀기인 7~8월에는 응애 진단법을 이용하여 발생 여부와 밀도를 확인한 다음, 처리 여부를 결정한다.

유럽에서 꿀벌응애의 약제 저항성에 대한 조사에 따르면, 플루발리네이트에 대해 감수성인 세 지역의 꿀벌응애에 비해 저항성인 두 지역에서는 95% 치사약량 수준에서 최고 1,109배의 저항성 발달을 보여주고 있다. 현재 우리나라에서 가장 많이 사용하고 있는 방제 약제도 합성 플루발리네이트를 원제로 하고 있어, 방제 효과가 떨어진 원인이 이들 약제에 대한 저항성이 꿀벌응애에 급속히 발달하였기 때문으로 판단하고 있다.

효율적인 꿀벌응애 방제를 위해서는 같은 약제를 계속 사용하기보다는, 약효가 검증된 다른 약제를 1~2년을 주기로 하여 교대로 사용해야 한다.

약제 저항성의 발달로 인하여 최근 개미산formic acid, 옥살산Oxalic acid, 티몰thymol 등을 이용한 방제 방법을 적극 활용하고 있다. 이들은 잔류독성과 꿀벌응애의 저항성 문제가 적거나 거의 없는 친환경적 방제법이다.

꿀벌응애는 산란을 위해 유충 방에 침입하는데, 보통 일벌 방보다 수벌 방을 8~10배 선호한다(그림 15-9). 따라서 인위적으로 수벌 벌집을 조성하여 응애를 유인한 후 벌집을 제거하면, 소기의 방제 효과를 기대할 수 있다(그림 15-10). 이 방법은 수벌집을 조성하여 왕성하게 산란하는 시기(4월~9월)에만 적용할 수 있다.

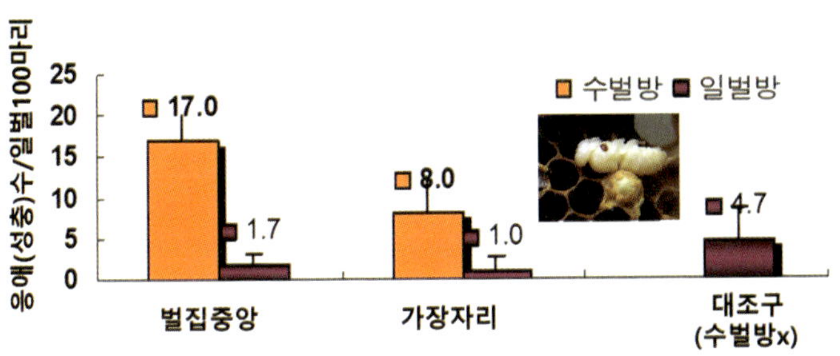

그림 15-9. 수벌과 일벌 유충 위치에 따른 꿀벌응애 기생 밀도

그림 15-10. 꿀벌응애 유인을 위한 수벌 벌집과 수벌 포크로 빼낸 수벌 번데기와 꿀벌응애

중국가시응애

중국가시응애*Tropilaelaps mercedesae*는 1992년 중국에서 꿀벌을 수입하는 과정에서 국내에 유입되어 당시 제주도에서 처음 발견되었고, 1994년에 전국으로 확산하였다. 대부분 지역에서 꿀벌응애에 비하여 중국가시응애의 밀도는 상대적으로 낮게 발생하고 있다.

꿀벌응애와 마찬가지로 피해 봉군에서는 날개가 비정상적인 일벌이 나타나며, 심하게 감염된 번데기는 복부가 줄어들고 검은색을 띤다.

중국가시응애는 길이가 1.0mm, 폭은 0.6mm로, 몸은 적갈색을 띤다. 체형은 장축이 긴 타원형을 하고 있으며(그림 15-11), 꿀벌응애에 비해 빨리 움직인다. 꿀벌응애와는 달리 일벌의 몸에 붙지 않고도 자유롭게 벌집을 돌아다닌다.

중국가시응애의 생활사는 꿀벌응애와 비슷하다. 꿀벌 유충이 봉개되기 전에 암컷이 벌방에 들어가 기생하면서 봉개 후 약 2일에 산란을 하며, 유충이 발견되는 시간은 봉개 후 2.5일이 지나면 볼 수 있다. 보통 한 개의 벌방에 3~4개의 알을 낳는다. 알에서 성충까지의 발육 기간은 약 6일이다. 성충 활동의 최적 온도는 31~36°C이며, 작고 긴 모양의 형태적 특징으로 벌들과 벌집 사이를 빠르게 다닐 수 있다.

중국가시응애의 감염 여부는 체구가 작아 꿀벌응애보다 확인이 쉽지 않다. 일반적인 진단 방법과 방제 요령은 꿀벌응애와 유사하다.

그림 15-11. 중국가시응애 성충의 복면과 등면 형태
그림 15-12. 꿀벌 번데기에 기생하는 중국가시응애(CSIRO, CC BY 3.0)

5. 포식성 말벌류

우리나라에서 여름과 가을철에 양봉장 주변에 출현하는 말벌은 분류학적으로 벌목, 말벌과, 말벌속*Vespa*에 속하고, 주로 장수말벌*Vespa mandarinia*, 꼬마장수말벌*V. ducalis*, 말벌*V. crabro*, 좀말벌*V. analis*, 검정말벌*V. dybowskii*, 털보말벌*V. simillima*, 등검은말벌*V. velutina* 등 7종이다(그림 15-13).

이들 중에서 예전부터 꿀벌에 가장 피해가 심한 말벌은 장수말벌이었고, 이에 더해 2003년 처음 부산에서 발견된 후 전국으로 확산한 등검은말벌이 침입 외래종으로서 꿀벌에 심각한 피해를 주고 있다.

그림 15-13. 꿀벌을 위협하는 국내 말벌 7종

장수말벌

1. 형태 특징과 피해

장수말벌은 길이가 일벌 35~40mm, 수벌 40mm, 여왕벌 45~50mm로 차이가 있으며, 머리는 황적갈색, 가슴은 흑갈색이며 복부에는 황색 줄무늬가 있다.

장수말벌은 보통 8월 말이나 9월 초에 양봉장에 출현하기 시작하여 10월 중순까지 전국의 꿀벌 봉군에 큰 피해를 준다. 처음에는 한 마리의 장수말벌이 꿀벌을 낚아채기 시작하다가, 여러 마리가 벌통 입구에 앉아 출입문으로 드나드는 일벌을 큰턱으로 무차별 공격하고, 이후에는 벌통 안으로 침입하여 봉군을 몰살한다(그림 15-14).

그림 15-14. 벌통 입구의 장수말벌(좌)과 등검은말벌(우)

2. 생태와 습성

장수말벌은 주로 큰 고목 밑 동굴이나 땅속에 3~5층의 다갈색 대형 벌집을 지으며, 비교적 큰 집단을 이루며 사회생활을 한다. 여왕벌, 일벌, 수벌로 무리를 이루지만, 겨울에는 가을에 교미한 여왕벌만 땅이나 낙엽 속에서 월동하고 이듬해 봄이 되면 여왕벌이 직접 외부 활동을 하며 집을 짓고 산란, 육아를 하다가 새 일벌들이 태어나면 산란 작업만 한다.

여름이 되면 일벌 수가 불어나며 수벌과 새 여왕벌도 태어난다. 가을철에 일벌 수가 최고에 달하여 수백 마리에 이른다. 말벌은 육식성으로 꿀벌이나 다른 작은 곤충을 잡아서 애벌레에게 먹인다.

등검은말벌

1. 형태 특징과 피해

몸길이가 22~25mm이며 머리와 등이 진한 흑색이어서, 다른 말벌들과 쉽게 구분된다. 더듬이와 큰턱, 다리의 일부분이 노란색을 띤다.

등검은말벌은 다른 곤충류도 잡아먹지만, 특히 꿀벌을 선호하여 벌통 주변의 공중에서 꿀벌을 대량 포획할 뿐만 아니라, 일벌의 외부 활동도 위축시킨다(그림 15-13). 전국적으로 그 피해가 심각하다.

2. 생태

지상 10m 이상의 높이의 나무 위 또는 지붕 처마 밑에 집을 짓고 사는데, 교미한 여왕벌이 단독으로 월동하고 이듬해 봄에 새집을 짓고 일벌을 키우면서, 7월 이후부터 11월까지 수천 마리의 대형 집단을 이룬다.

꿀벌을 주요 먹이원으로 삼는데, 벌통 앞 공중에서 정지비행 hovering을 하며 꿀벌이 날아오기를 기다렸다가 외출하거나 귀소하는 일벌을 포획한다. 포획한 꿀벌의 가슴 근육을 떼어 둥지로 운반해 유충에게 먹인다. 개체 수가 많아지면서 수십 마리가 한 벌통을 집중적으로 습격하여 큰 피해를 준다.

말벌류 방제

보통 말벌이 공격하는 시기에 벌통을 순회하면서 포충망이나 배드민턴 채로 직접 포획 또는 포살할 수 있지만, 효과도 적고 많은 시간과 노동이 필요하다. 대신 여름철 이후 많은 밀벌이 양봉장에 찾아올 때, 유인액과 트랩을 이용한 유인 포살법이 주로 사용된다(그림 15-15, 좌). 유인제로는 단 냄새와 과즙 향기를 좋아하는 습성을 이용하여 설탕액과 발효 과일즙 등을 이용한다.

말벌이 출입문에 접근하는 것을 막기 위해 망 크기가 1cm 정도인 그물망을 벌통 앞에 설치하기도 하는데 이것은 큰 효과는 기대할 수 없지만, 벌통 위아래로 그물망을 설치하여, 위로 날아가는 습성을 이용한 터널식 포획 장치를 최근에 많이 사용한다(그림 15-15, 우).

끈끈이 판을 양봉장 벌통 위에 설치하는 방법도 장수말벌에 비교적 효과가 좋다. 끈끈이 판에 장수말벌을 한두 마리 생채로 잡아 붙여놓으면, 페로몬에 유인된 말벌들이 다가와 끈끈이에 붙는 습성을 이용하는 것이다.

말벌의 밀도를 줄여 피해를 방지하는 근원적 대책으로는 봄철 3월~5월에, 양봉장 인근에서 월동한 후 새로 벌집을 짓기 시작하며 먹이를 찾아 배회하는 여왕벌을 유인제 트랩으로 포살하는 방법이다. 이는 가장 손쉽게 큰 효과를 볼 수 있는 방법으로 전문가들이 적극 추천하는 방법이다.

그림 15-15. 유인제를 이용한 유인 트랩(좌), 터널식 말벌 포획 그물망(우)

제16장

양봉 생산물

1. 벌꿀

국제식품규격위원회CODEX는 벌꿀을 '꿀벌이 식물의 꽃꿀 또는 식물체가 분비한 당액 또는 식물에서 흡즙 곤충이 배출한 감로를 수집하여, 자신의 특이 분비물과 혼합하여 전화시켜 벌집에 저장하고, 수분을 농축하고 숙성시킨 천연 감미료'로 규정하고 있다.

벌꿀에는 꽃꿀 이외에도 감로꿀甘露蜜, Honeydew honey이 있는데 이는 참나무, 자작나무, 물푸레나무의 잎과 줄기에서 분비한 당액이나 진딧물, 깍지벌레 등이 식물 잎에 배설한 분비물을 꿀벌이 먹이로 수집 저장한 것을 말한다.

일반적으로 벌꿀의 종류는 밀원식물의 종류에 따라 구분하는데, 밀원식물에 따라 벌꿀의 성분과 함량에 차이를 보인다. 우리나라에서는 주로 아까시나무 꿀, 밤나무 꿀이 전국적으로 생산되고 지역에 따라 특정 밀원식물의 꿀이 생산되기도 한다. 또한, 벌집에 저장된 꿀을 채밀기나 중력 또는 압착으로 분리한 액상 꿀Extracted honey과 벌집에서 분리하지 않고 벌집에 그대로 저장, 밀개된 상태의 벌집꿀Comb honey로 나눌 수 있다(그림 16-1).

그림 16-1. 액상 벌꿀과 벌집 꿀

꽃꿀에 있는 당류의 주성분은 자당인데, 꿀벌의 타액에 있는 전화효소에 의해 자당은 포도당과 과당으로 전화된다. 꿀의 수분 함량은 기상 조건에 의한 꽃꿀의 수분 함량, 채밀 시기, 채밀 후 저장 조건에 따라 달라진다. 수분 함량이 20% 이상이 되면 변질되거나 산패할 우려가 있다. 당류로는 과당, 포도당, 자당을 포함하여 22종 이상의 당류가 포함되어 있다.

꿀에 함유된 유기산은 벌꿀 특유의 맛을 내는데, 구연산, 초산, 낙산, 능금산, 호박산, 개미산, 글루콘산 등이 다양하게 함유되어 있다. 밀원의 종류에 따라 무기물 종류와 함량에 차이가 크다. 무기물 중 가장 많은 것은 칼륨(K)이며, 일반적으로 흑갈색 꿀이 담색 꿀보다 무기물 함량이 높다. 비타민은 B1, B2, B6, C, 니코틴산 등이 함유되어 있다. 꿀에 함유된 효소는 벌이 분비한 인버타제Invertase, 디아스타제Diastase, 포도당 산화효소Glucose oxidase 등이 있다.

벌꿀은 식약처에서 식품공전에 규격을 정하여 품질을 관리하고 있다(표 16-1). 꿀 성분에 대한 규격 기준 이외에도, 동물약품(항생제, 농약)에 대한 잔류 기준을 설정하여 엄격하게 관리하고 있다. 2016년에는 사양벌꿀 유형을 신설하였으며, 2025년에는 벌꿀에 '천연' 표시를 허용하도록 개정한 바 있다.

벌꿀은 쉽게 흡수되어 에너지 전환속도가 빠른 단당류가 주성분인 자연식품으로, 설탕보다 감미甘味가 1.5~2배 이상인 천연 감미료와 식품 재료로 사용된다. 보건학적으로는 항균 효과, 항산화 작용과 간 기능 촉진과 해독 효과, 요산 생성 억제, 소장의 연동 운동 촉진, 피부 미백 및 보습 효과가 알려져 있다.

항목 유형	벌집꿀	벌꿀
(1) 수분(%)	23.0 이하	20.0 이하
(2) 물 불용물(%)	-	0.5 이하
(3) 산도(meq/kg)	-	40.0 이하
(4) 전화당(%)	50.0 이상	60.0 이상
(5) 자당(%)	15.0 이하	7.0 이하
(6) 히드록시메틸푸르푸랄(HMF, mg/kg)	80.0 이하	80.0 이하
(7) 타르색소	-	검출되어서는 안 된다
(8) 인공감미료	-	검출되어서는 안 된다
(9) 이성화당	-	음성이어야 한다
(10) 탄소동위원소 비율(‰)	- 22.5‰ 이하	- 22.5‰ 이하

2. 화분

화분花粉, pollen은 꽃에 있는 수술의 꽃밥 속 낟알 모양의 생식세포인 꽃가루를 말한다. 일벌이 뒷다리에 있는 꽃가루 바구니Pollen basket에 뭉쳐서 수집해 온 화분 뭉치(Pollen load, Bee pollen)를 채취하여 생산할 수 있다. 이 화분은 벌의 애벌레에게 단백질, 비타민, 무기염류의 주요한 공급원이 된다.

화분 입자는 2중의 피막과 원형질로 이루어져 있고, 크기는 1/150mm 내외로 식물 종류에 따라 모양이 구형, 타원형 등 다양하다(그림 16-2). 화분은 단백질, 탄수화물, 비타민류 및 무기 미량원소를 함유하고 있는데, 특히 단백질과 비타민 함량이 벌꿀, 로열젤리보다 훨씬 많다.

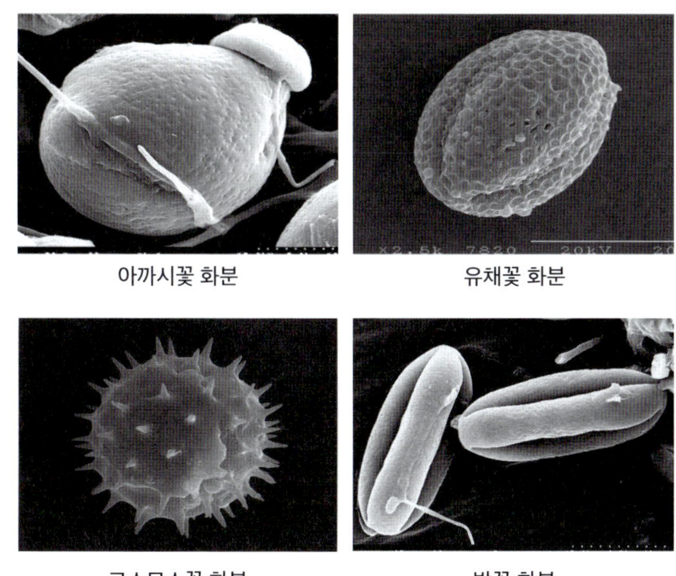

아까시꽃 화분　　　　유채꽃 화분

코스모스꽃 화분　　　　밤꽃 화분

그림 16-2. 화분의 미세 구조(주사전자현미경)

화분은 화분 채집기Pollen trap를 통해 수집이 가능하다. 일벌이 벌통 출입구에 설치한 5.0mm 크기의 화분 채집기 구멍을 통과하는 과정에서, 다리에 붙어있다가 떨어지는 화분 뭉치를 수집하여 생산할 수 있고(그림 16-3), 채취한 화분은 바로 냉동하거나 건조하여 저장한다.

그림 16-3. 화분 채집기를 이용한 화분 채취

화분에는 단백질이 특히 많고 그밖에 지방, 비타민, 미네랄이 풍부하다. 탄수화물은 포도당과 과당 등 6종이 포함되어 있고 알라닌Alanine 등 12종의 아미노산을 함유한다. 오메가Omega3과 6, 인지질 등 지방 성분이 풍부하고, 엽산 등 11종의 다양한 비타민과 칼슘 등 11종의 풍부한 미네랄이 들어 있다.

화분은 성장 조절, 피부 미용, 피로 해소 등의 효과가 있는 것으로 밝혀져 있다. 화분은 밀원 종류에 따라 성분에 차이가 있다. 우리나라에서 많이 생산되는 도도리 화분과 다래 화분의 성분을 보면, 도토리 화분은 수분 5.2%, 회분 2.7%, 조지방 6.2%, 조단백질 22.3%이고, 다래 화분은 수분 5.4%, 회분 2.8%, 조지방 1.8%, 조단백질 27.8%인데, 특히 비타민 A의 전구물질인 카로틴Carotene과 비타민 B가 풍부하다.

3. 로열젤리

로열젤리王乳, Royal jelly는 출방 후 5~15일령의 어린 일벌이 화분과 꿀을 먹고, 머리에 있는 하인두샘Hypopharyngeal gland에서 분비하는 일종의 젖이다. 여왕벌은 전체 애벌레 기간은 물론 성장 후에도 계속 로열젤리를 공급받는다.

부화 후 2~3일 동안 일벌과 수벌의 유충과 어린 성충 일벌에도 공급하는데, 성상은 미황색의 유동성 물질로써 수분(평균 67%), 단백질(12.5%), 지방(6%), 지방산(10-HDA 등 3.5%), 단당류 위주의 탄수화물(11%)과 기타 비타민, 무기물, 생리활성 물질 등 여러 가지 성분의 복합 물질이다.

탄수화물 중에는 과당, 포도당, 자당, 말토스가 많고, 단백질에는 사람이나 동물에 필요한 아미노산 함량이 높다. 지방산은 특히 하이드록시데센산(10-Hydroxy-2-decenoic acid, 10-HDA)의 함량이 높다. 비타민 B 복합체를 다량 함유하고 있지만, 지용성 비타민 A, D, E, K는 많지 않다. 무기물 함량이 높은데 특히 칼륨(K) 함량이 높으며, 그 외에 스테로이드, 스테롤, 핵산 등이 함유되어 있다.

로열젤리 단백질은 발육, 성장에 결정적인 역할을 하며, 하이드록시데센산10-

HDA은 특히 여왕벌의 분화와 수명 연장의 역할을 한다. 단당류는 활동 에너지원이며, 지방과 비타민은 신경과 생식기관의 발달을 지원한다. 여왕벌 유충은 풍부한 로열젤리를 공급받음으로써 일벌과는 달리 큰 몸집과 난소가 발달하고, 수명이 5년까지 연장될 수 있다.

로열젤리 생산은 부화 후 20~40시간이 된 어린 유충을 여왕벌 컵 왕완, Queen cup 에 이충하여 여왕벌로 키우도록 유도한 후, 일벌들이 여왕벌 애벌레에게 공급하는 로열젤리를 채취하여 이루어진다. 이 과정은 숙련된 기술이 필요하다(그림 16-4).

그림 16-4. 로열젤리 생산을 위한 애벌레 이충 과정

로열젤리는 2010년 이전에는 기능성식품으로 분류되었으나, 현재는 일반식품으로 분류되어 식품공전에 로열젤리 규격 및 시험법이 명시되어 있다(표 16-2). 10-HDA가 규격 및 품질에 대한 지표 물질로 사용된다. 대장균은 5개 시료 중 4개는 무검출(0), 1개는 1~10까지는 허용되지만, 2개 이상 검출되거나 어느 하나라도 10을 넘으면 부적합하다.

로열젤리의 약리효과로는 항노화 효과, 빈혈과 저혈압 예방 및 치료, 항암 효과, 뇌신경 세포 활성화, 동맥경화와 고혈압 완화, 피부 보습 효과가 있는 것으로 연구되었다.

항목	규격
(1) 10-히드록시-2-데센산(10-HDA)(%)	1.6 이상(건조제품은 4.0 이상)
(2) 수분(%)	62.0~68.5%(건조제품은 5.0 이하)
(3) 조단백질(%)	11.0~18.0(건조제품은 30.0~40.0)
(4) 산도(1N NaOH mL/100g)	32.0~53.0(건조제품은 제외한다)
(5) 대장균	n = 5, c = 1, m = 0, M = 10

4. 밀랍

일벌의 복부 7개 마디 중에서 3, 4, 5, 6마디에는 각 1쌍의 밀랍샘이 있는데, 12~15일령의 어린 일벌은 이곳에서 밀랍 조각(직경 약 3mm, 두께 0.1mm)을 분비하여 벌집을 짓는 데 사용한다(그림 16-5). 벌집은 물리학적으로 최소의 재료로 최대 강도를 내기 위해 120° 육각형으로 짓는다. 밀랍 조각으로 처음 집을 지었을 때는 깨끗한 흰색이지만, 꿀과 화분과 프로폴리스로 착색되며 점차 노란색 또는 갈색으로 변한다.

그림 16-5. 일벌의 밀랍 분비 모습과 밀랍으로 만든 육각형 벌집

벌꿀을 채취하는 과정에서 제거한 밀개蜜蓋와 헛집을 수거하여 60~65°C 물 또는 증기로 녹인 후, 불순물을 걸러내고 깨끗한 용기에서 응고시켜 밀랍 블록을

생산할 수 있다.

밀랍은 왁스에스테르(62~75%)와 유리지방산(5~16%), 탄화수소(10~21%)를 주성분으로 하는 복합 물질로, 서양에서는 벌꿀을 벌집째로 먹는 경우가 많아 밀랍을 식품으로 인정하고 있다. 씹는 껌에는 유연성과 조직감을 주는 첨가제로 활용한다. 과자, 당류 식품 등에 코팅제로도 사용한다.

밀랍은 왁스류 성분으로 거의 모든 화장품에 이용된다. 클렌징크림, 콜드크림을 비롯하여, 립스틱, 포마드, 칙 등의 유상 경화제로 널리 사용하며, 전기의 절연제, 광택제, 방수제, 색연필, 마룻바닥의 칠감, 양초 등의 원료로 사용한다. 세계 역사에서 유명한 인물들을 암스테르담을 비롯한 세계 각처에서 밀랍 인형으로 만들어 전시에 이용하는 등 모형 조각품의 소재가 되고, 최근 공기정화 및 악취 제거에 효과가 알려져 파라핀 양초를 대체하는 천연 밀랍 캔들(초)로도 애용된다 (그림 16-6).

그림 16-6. 벌집을 녹여 만든 밀랍 블록과 가공한 순수 밀랍 캔들

5. 프로폴리스

프로폴리스Propolis란 용어는 그리스어로, 'Pro'는 '방어'를 'polis'는 '도시'를 나타내는데, 도시 앞에 있으면서 도시 전체를 안전하게 지킨다는 의미로, 꿀벌의 벌통과 벌집을 안전하게 지키는 물질을 말한다. 프로폴리스는 꿀벌이 나무의 생장

점 보호 물질이나 수지와 진액을 수집하여, 타액의 효소를 혼합해서 만드는 끈적끈적한 교질성 물질로, 꿀벌이 벌통 내부에 발라서 안전과 위생을 위해 사용한다.

프로폴리스는 암갈색이나 황갈색을 띤다. 따뜻할 때는 끈적끈적하지만, 서늘할 때는 단단해지기 때문에 '꿀벌 아교봉교, 蜂膠'라고도 한다. 프로폴리스는 건강기능식품으로 등록되어 있을 뿐 아니라, 최근 차세대 천연 항생물질로 주목을 받고 있다.

프로폴리스의 주성분과 특성을 나타내는 물질보는 플라보노이드류 및 페놀류가 있는데, 주 활성 성분은 플라보노이드류로서 크라이신Chrysin, 아피게닌Apigenin, 아카세틴Acacetin, 퀘르세틴Quercetin, 갈랑긴Galangin, 피노셈브린Pinocembrin, 켐페라이드Kaempferide, 후라바논Flavanone, 후라바놀Flavanol, 플라본Flavone 등이 있다.

이들은 다양한 생리적 기능을 가지고 있다. 즉 모세혈관에 직접 작용하고, 비타민 C의 활성 증강, 염증의 경감과 항균 작용, 항염증 작용, 항산화 작용 등 중요한 약리효과를 나타내는 성분들로 알려져 있다. 퀘르세틴은 암세포의 증식을 멈추게 하고 암세포를 죽이는 등 프로폴리스 평가의 지표 물질이다. 항염증, 항알레르기, 지혈 작용 등 다양한 효과가 있다. 페놀류는 페닐기 함유 물질로 항암, 항염증, 항알레르기, 지혈 작용 등을 한다. 기타 유기산, 페놀산과 방향성 알데히드산인 바닐린Vanillin, 이소바닐린Iisovanillin 등이 있다.

우리나라에서 프로폴리스를 생산하는 방법은 주로 채집망을 벌집 위에 올려놓아 벌들이 이곳에 프로폴리스를 붙이도록 유도하여 수집한다(그림 16-7). 벌통당 프로폴리스의 생산량은 연간 100g~500g으로, 이러한 프로폴리스 수집 능력은 꿀벌 종류에 따라 차이가 있고, 지역별 식생 환경과 기후에 따라서도 편차가 크다.

프로폴리스의 유효성분을 수용액으로 추출하는 방법으로는 알코올 추출법, 미셀화(유화 추출법), 초임계 추출법이 있지만, 추출 효율이 높은 알코올 추출법을 주로 사용한다.

그림 16-7. 채집망을 설치 후 프로폴리스를 채취한 분말

프로폴리스는 서양꿀벌의 자연 분포 지역에서 전통적으로 다양한 용도에 사용하였다. 그리스와 로마 시대에 피부 종기 치료에 사용하였고, 히포크라테스는 상처나 궤양 치료에 프로폴리스 이용을 권장하였으며, 아리스토텔레스는 피부병, 종기, 상처 및 감염증 치료에 프로폴리스를 이용하였다. 보어전쟁(남아프리카전쟁, 1899~1902)에서는 프로폴리스에 글리세린을 혼합하여 만든 프로폴리신Propolisin으로 부상병을 치료하였다. 기원전 이집트에서는 미라를 만드는 방부제에 프로폴리스를 혼합하여 사용하였다.

프로폴리스는 항균, 항염 효과가 뛰어나 양봉가들에 의하여 민간요법에 활용되었고, 근래에는 연고, 치약 등 외용제, 로션과 샴푸 등 미용 화장품과 생활용품에도 널리 쓰인다(그림 16-8).

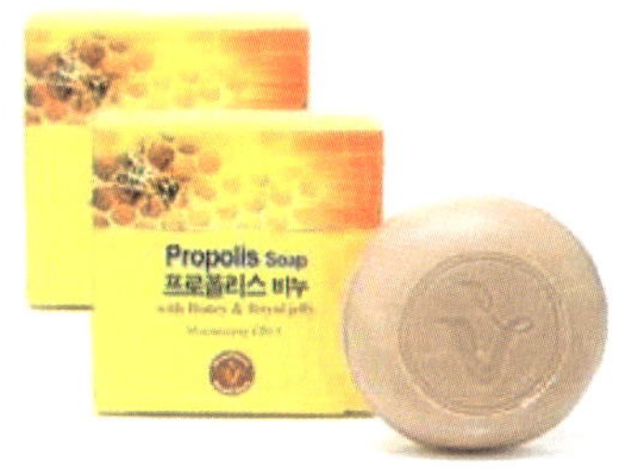

그림 16-8. 프로폴리스 함유 비누와 화장품

6. 봉독

봉독蜂毒, bee venom은 벌이 외적으로부터 자신과 무리를 방어하기 위해 벌침에서 분비하는 독 물질을 말하며, 꿀벌의 경우 일벌과 여왕벌이 사용한다. 성상은 맑고 투명한 액체이며 강한 쓴맛을 가진 방향성물질로, 비중은 1.13이며 실온에서 빨리 증발하고, 건조 후에는 30~40%의 결정물로 남는다. 산도(pH)는 5.2~5.5로 산성을 띠며 열에는 매우 안정적이다. 서양꿀벌의 경우 일벌 마리당 독량은 0.3mg 정도이며, 일벌의 일령에 따라 마리당 독량에 차이가 크다(표 16-3).

봉독은 40가지 이상의 성분으로 이루어진 혼합물로, 멜리틴Melittin, 아파민Apamin, 도파민Dopamine, 히알루로니다아제Hyaluronidase, 포스포리파아제Phospholipase A2가 생리학적으로 유효한 성분인데, 그중 멜리틴이 효능과 품질에 관한 지표 물질로 이용된다(표 16-4).

표 16-3. 일벌의 일령에 따른 봉독의 양(농업과학원, 2009)

일령	1시간 이내	육아벌	밀랍 분비벌	외역벌
독량(mg/마리)	0.065	0.166	0.211	0.294

표 16-4. 봉독의 함유 성분 및 함량

	성분	% (건조중량)
펩타이드	멜리틴(Melittin)	40 - 50
	아파민(Apamin)	2 - 3
	엠시이 펩타이드(MCD-Peptide 401)	2 - 3
	아돌라핀(Adolapin)	1.0
	프로테아제 억제인자(Protease inhibitor)	< 0.8
	세카핀(Secarpin)	0.5
	프로카민(Procamine A, B)	1.4
	미니민(Minimine)	2 - 3

	히알루로니다아제(Hyaluronidase)	1.5- 2.0
효소	포스포리파아제(Phospholipase A2)	10 - 12
	산포스포모노에스테라아제(Acid Phosphomonoesterase)	1.0
	리소포스포리파제(Lysophospholipase)	1.0
활성 아민	히스타민(Histamine)	0.1
	도파민(Dopamine)	0.13
	노르에피네프린(Norepinephrine)	0.1 - 0.7
탄수화물	포도당과 과당(Glucose & Fructose)	< 2.0
지질	포스포리피드(6 Phospholipids)	4.5
아미노산	아미노부틸산(r-Aminobutyric acid)	< 0.5
	B-Aminoisobutyric acid	< 0.01

봉독은 수천 년 전부터 민간 및 한방요법으로 사용되었고, 의학의 아버지 히포크라테스(기원전 460-377)는 봉독을 'Arcanum' 즉 '신비한 약'이라고 칭하며 자주 사용하였다. 근대의학의 발달과 함께 프랑스의 의사 데스자뎅(Desjardins, 1858년)은 봉독에 관한 최초의 학술 논문을 발표하고, 벌침을 사용하여 성공적으로 류마티스성 질환과 피부암 등을 치료한 사례를 보고하였다. 그 이후 유럽의 여러 나라에서 봉독을 만성 염증이나 통증 치료제로 널리 사용하였고, 우리나라에서는 관절염 등의 치료를 위해 한방에서 널리 사용하고 있다.

봉독의 약리적 효과로, 면역계 질환에 대한 항염증 작용과 항균 작용이 뛰어난 것으로 많은 연구 결과가 있다. 세포 재생 효과, 혈관 확장, 혈압 강하, 자율신경 조절, 방사선에 대한 저항성 증가, 자외선 차단 효과도 알려져 있다.

봉독은 전기충격법을 이용한 채집 장치로 채취하여, 비교적 대량 생산이 가능하다. 이 방법은 순도가 높은 다량의 봉독을 분리하고자 할 때 사용하고, 전압과 전류를 일정하게 조정할 수 있는 컨트롤러와 채집 판으로 구성된다. 채집 판을 벌통 문 앞에 놓고, 가벼운 전기충격을 주면 자극을 받은 벌들이 채집 판의 유리에 침을 쏘게 되고, 유리판에는 분출한 봉독액이 남는다(그림 16-9). 휘발성이 강해 곧 건조된 독을 날카로운 소독 칼로 긁어 건조 봉독 분말을 수집할 수 있고, 이후 정제 과정을 거쳐 주사제 등으로 활용할 수 있다.

그림 16-9. 벌통 입구의 봉독 채취기와 채취 유리판에서 수거한 건조 봉독 가루

봉독은 가축의 천연항생제로 이용이 가능하여 돼지, 한우, 젖소, 양계의 생산성 향상과 염증 질환을 예방, 치료하는 데 사용할 수 있다. 인체의 피부 상처, 화상, 골관절염 등 치료에 이용하기 위하여 다양한 임상시험이 진행되고 있다. 봉독을 함유한 화장품이 개발되어 시중에 제품으로 나와 있다.

7. 수벌 번데기

수벌 전용 벌집 소초를 봉군의 산란권에 삽입하면, 수벌 집만 짓고 여기에 수벌 산란을 유도하여 효율적으로 수벌 번데기를 생산할 수 있다. 수벌은 알에서 유충과 번데기를 거쳐 성충으로 발육하는 데 약 24일이 걸린다. 13일째부터 번데기 기간으로 들어가 봉개된 상태로 발육하는데, 18~22일 사이가 되면 성충이 되기 전 단계로, 몸은 흰 상아색 몸체에서 겹눈이 붉은빛 또는 보랏빛 눈으로 변하는 시기에 채취한다(그림 16-10).

그림 16-10. 수벌 전용 벌집(좌)에서 채취한 수벌 번데기(우)

수벌 번데기는 2020년 우리나라에서도 정식 식품원료로 등록되었다. 이미 중국에서는 최고의 의서인 '신농본초경新農本草經'에서 수벌의 약리 작용 및 영양적 가치가 평가되어 있고, 예전부터 수벌 번데기를 먹는 풍습이 있었으며 상품화되어 시중에 판매되고 있다. 중국에서 연구가 활발하여, 약리 작용으로 뇌 조직의 활성화 및 정력 증강, 면역 증강 효과가 있는 것으로 조사된 바 있다. 우리나라에서는 중국의 본초강목本草綱目을 통해 약효가 소개되어 있었지만, 한동안 연구가 없다가 최근 식품 원료 등록 이후에 활발한 연구가 이루어지고 있다.

수벌 번데기의 단백질 함량은 46.7%로 유충 36.5%보다 많고, 지방 단백질이 고르게 분포하고 있다. 비타민 B군 중 1, 2, 6의 함량이 높게 나타나며 비타민 D, E도 함유한다. 무기질로는 염분과 철분, 엽산을 함유하고 있는데, 수벌 유충에는 전혀 함유되어 있지 않은 엽산이 수벌 번데기에는 다량 함유된 것이 특이한 점이다. 엽산은 임산부와 태아에게 꼭 필요한 영양성분으로 수벌 번데기의 영양적 가치를 보여 준다. 또한 식이섬유를 함유한 것도 특징이다.

수벌 번데기는 미국을 비롯한 유럽 여러 나라에서 이미 고단백 영양식으로 활용하고 있고, 중국, 일본 등 아시아 여러 나라에서 다양한 식품으로 이용되고 있어, 국내에서도 수벌 번데기가 다양한 식품의 원료로 등장할 것으로 보인다.

표 16-5. 수벌 번데기와 유충의 영양성분 종류 및 함량(국립농업과학원, 2008)

성분명	함량	
	수벌 번데기(P1)	수벌 유충(L1)
탄수화물 (%)	24.66	35.79
조단백질 (%)	46.73	36.46
조지방 (%)	20.75	18.84
포화지방산 (%)	11.13	10.51
콜레스테롤 (mg/100g)	4.23	1.98
비타민 A (μg/100g, RE)	- (불검출)	-
비타민 B1 (mg/100g)	1.46	2.31
비타민 B2 (mg/100g)	1.21	0.47
비타민 B6 (mg/100g)	1.27	0.52
비타민 B1 (μg/100g)	-	-
비타민 C (mg/100g)	-	-
비타민 D (mg/100g)	2.85	2.45
비타민 E (mg/100g, α-TE)	0.98	0.98
비타민 K (mg/100g)	-	-
나트륨 (mg/100g)	72.68	62.27
칼슘 (mg/100g)	38.34	53.28
철 (mg/100g)	7.87	6.90
엽산 (μg/100g)	222.30	-
식이섬유 (%)	3.14	7.46

논문

Abou-Shaara, H. and A. Al-Ghamdi. 2012. Tolerance of two honey bee races to various temperature and relative humidity gradients. Environmental and Experimental Biology 10:133–138.

Adam, J., E.D. Rothman, W.E. Kerr, and Z.L. Paulino. 1977. Estimation of the number of sex alleles and queen matings from diploid male frequencies in a population of *Apis mellifera*. Genetics 86:583–596.

Ai, H. 2010. Vibration-processing interneurons in the honeybee brain. Frontiers in Systems Nuroscience 3:Article 19.

Akre, R.D. 1995. Our stinging friends? The ambivalent yellow jackets. American Entomologist 41:21–29.

Arias, M.C. and W.S. Sheppard. 2005. Phylogenetic relationships of honey bees inferred from nuclear and mitochondrial DNA sequence data. Molecular Phylogenetics and Evolution 37:25–35,

Becher, M.A., H. Scharpenberg, and R.F.A. Moritz. 2009. Pupal developmental temperature and behavioral specialization of honeybee workers (*Apis mellifera* L.). Journal of Comparative Physiology A. 195:673–679.

Breed, M.D., E. Guzmán-Novoa, and G.J. Hunt, 2004. Defensive behavior of honey bees: organization, genetics, and comparisons with other bees. Annual Review of Entomology 49:271–298.

Calderone, N.W. and R.E. Page. 1988. Genotypic variability in age polyethism and task specialization in the honey bee, *Apis mellifera* (Hymenoptera: Apidae). Behavioral Ecology and Sociobiology 22:7–25.

Cale, G.H. Jr. and J.W. Gowen. 1956. Heterosis in the honeybee(*Apis mellifera* L.). Genetics 41:292–303.

Cardinal, S. and B.N. Danforth, 2013. Bees diversified in the age of eudicots. Proceedings of the Royal Society B: Biological Sciences 280:Article 20122686.

Carpenter, J. 1987. Phylogenetic relationships and classification of the Vespinae (Hymenoptera: Vespidae). Systematic Entomology 12:413–431.

Carr, S.M. 2023. Multiple mitogenomes indicate things fall apart with out of Africa or Asia hypotheses for the phylogeographic evolution of honey Bees (*Apis mellifera*). Scientific Reports 13:9386.

Carreck, N.L., M. Andree, C.S. Brent, D. Cox-Foster, H.A. Dade, J.D Ellis, F. Hatjina, and D. van Engelsdorp. 2013. Standard methods for *Apis mellifera* anatomy and dissection. Journal of Apicultural Research 52:1-40.

Chang, Y.D., M.Y. Lee, and Y.N. Youn. 1994. Visiting patterns and control of giant hornet, *Vespa mandarinia* (Hymenoptera: Vespidae) in apiary. Korean Journal of Apiculture 9:178-180.

Choi, J.H., S.-I. Kim, W. Lee, Y.H. Lee, K.W. Kim, M.L. Lee, and H.W. Kwon. 2024. Dissemination of phosphorescent microbial agents by honey bees (*Apis mellifera* L.) in apple orchards. Journal of Asia-Pacific Entomology 27(4):102325.

Collins A.M. 2004. Variation in time of egg hatch by the honey bee, *Apis mellifera* (Hymenoptera: Apidae). Annals of the Entomological Society of America 97:140-146.

Core, A., C. Runckel, J. Ivers, C. Quock, T. Siapno, S. DeNault, B. Brown, J. DeRisi, C.D. Smith, and J. Hafernik. 2012. A new threat to honey bees, the parasitic phorid fly *Apocephalus borealis*. PLOS ONE 7(1):e29639.

Craine, E. 2005. The rock art of honey hunters. Bee World 86:11-13.

Da Silva, E.R. and K. Jaffe. 2002. Expanded food choice as a possible factor in the evolution of sociality of Vespidae (Hymenoptera). Sociobiology 39:1-12.

Dams, L. and R. Dams. 1977. Spanish rock-art depicting honey-gathering during the Mesolithic. Nature 268:288-230.

Dar, S.A., U.H. Dukku, R.A. Ilyasov, I. Kandemir, M.L. Lee, and A. Ö. Koca. 2019. The classic taxonomy of Asian and European honey bees. In Ilyasov R.A. and H.W. Kwon (Eds.), Phylogenetics of bees (pp.107-137). CRC Press, New York, USA.

Darvishzadeh, A., V. Hosseininaveh, G. Nehzati, and J. Nowzari. 2015. Effect of proline as a nutrient on hypopharyngeal glands during development of *Apis mellifera* (Hymenoptera: Apidae). Arthropods 4:137-143.

de Groot, A.P. 1953. Protein and amino acid requirements of the honeybee (*Apis mellifica* L.). Physiological and Comparative Oecology 3:197-285.

de Miranda J.R., Y.P. Chen, M. Ribiere, and L. Gauthier. 2011. Varroa and virus. In Carreck, N.L. (Ed.), Varroa-Still a problem in the 21st century? (pp.11-31). IBRA, Cardiff, Wales.

Delfinado-Baker, M. 1982. New records for *Tropilaelaps clareae* from colonies of *Apis cerana indica*. American Bee Journal 112:382

Dyer, F.C. and T.D. Seeley. 1991. Dance dialects and foraging range in three Asian honey bee species. Behavioral Ecology and Sociobiology 28:227-233.

Edlund, A.F., R. Swanson, and D. Preuss. 2004. Pollen and stigma structure and function: the role of diversity in pollination. The Plant Cell 16:S84-S97.

Eilers, E.J., K.C. Kremen, S.S. Greenleaf, A.K. Garber, and A.-M. Klein. 2011. Contribution of pollinator-mediated crops to nutrients in the human food supply. PLOS ONE 6(6):e21363.

Engel, M.S. 2001. A monograph of the baltic amber bees and evolution of the Apoidea (Hymenoptera). Bulletin of the American Museum of Natural History 2001(259):1-192.

Evans, J.D. and R.S. Schwarz. 2011. Bees brought to their knees: microbes affecting honey bee health. Trends in Microbiology 19:614-620.

Forsgren, E., T.C. Olofsson, A. Vasquez, and I. Fries. 2010. Novel lactic acid bacteria inhibiting *Paenibacillus* larvae in honey bee larvae. Apidologie 41:99-108.

Foster, K.R. and F.L.W. Ratnieks. 2001. Paternity, reproduction and conflict in vespine wasps: a model system for testing kin selection predictions. Behavioral Ecology and Sociobiology 50:1-8.

Foster, K.R., F.L.W. Ratnieks, and A.F. Raybould. 2000. Do hornets have zombie workers? Molecular Ecology 9:735-742.

Franck P., L. Garnery, M. Solignac, and J.M. Cornuet. 2000. Molecular confirmation of a fourth lineage in honeybees from the Near East. Apidologie, 31: 167-180.

Fries, I., F. Feng, A. Silva, S.B. Slemenda, and N.J. Pieniazek. 1996. *Nosema ceranae* n. sp. (Microspora, Nosematidae), morphological and molecular characterization of a microsporidian parasite of the Asian honey bee *Apis cerana* (Hymenoptera, Apidae). European Journal of Protistology 32:356-365.

Fries, I., R. Martin, A. Meana, P. Garcia-Palencia, and M. Higes. 2006. Natural infections of *Nosema ceranae* in European honey bees. Journal of Apicultural Research 45:230–233.

Ghosh, S. and C. Jung. 2018. Contribution of insect pollination to nutritional security of minerals and vitamins in Korea. Journal of Asia-Pacific Entomology 21:598–602.

Heinrich, B. 1979. Thermoregulation of African and European honeybees during foraging, attack, and hive exits and returns. Journal of Experimental Biology 80: 217–229.

Herbert E.W. and H. Shimanuki. 1978. Chemical composition and nutritive value of bee-collected and bee-stored pollen. Apidologie 9:33-40.

Higes, M., R. Martin, and A. Meana. 2006. *Nosema ceranae*, a new microsporidian parasite in honey bees in Europe. Journal of Invertebrate Pathology 92:93-95.

Huang, W.F., J.H. Jiang, Y.W. Chen, and C.H. Wang. 2006. A *Nosema ceranae* isolate from the honey bee *Apis mellifera*. Apidologie 38:30-37.

Hunt, J. and F.J. Richard. 2013. Intracolony vibroacoustic communication in social insects. Insectes Sociaux 60:403-417.

Ilyasov, R., M.L. Lee, J. Takahashi, H.W. Kwon, and A. Nikolenko. 2020. A revision of subspecies structure of western honey bee *Apis mellifera*. Saudi Journal of Biological Sciences 27:3615-3621.

Ito, Y. and E. Kasuya. 2005. Demography of the Okinwan eusocial wasp *Ropalidia fasciata* (Hymenoptera: Vespidae) I. Survival rate of individuals and colonies, and yearly fluctuation in colony density. Entomological Science 8:41-48.

Jang, T.H., H.M. Moon, and K.P. Lee. 2022. Current Research Trends in honey bee nutrition. Journal of Apiculture 37:275-289.

Ji, Y. 2021. The geographical origin, refugia, and diversification of honey bees (*Apis* spp.) based on biogeography and niche modeling. Apidologie 52:367-377.

Johnson, B.R. 2007. Within-nest temporal polyethism in the honey bee. Behavioral Ecology and Sociobiology 62:777-784.

Jones, J.C. and B.P. Oldroyd. 2006. Nest thermoregulation in social insects. Advances in Insect Physiology 33:153-191.

Jung, C., Lee, M.L. 2018. Beekeeping in Korea: past, pPresent, and future challenges. In Chantawannakul, P., G. Williams, P. Neumann (Eds.), Asian Beekeeping in the 21st Century (pp.175-197). Springer, Singapore.

Jung, J.W., K.W. Park, H.W. Oh, and H.W. Kwon. 2014, Structural and functional differences in the antennal olfactory system of worker honey bees of *Apis mellifera* and *Apis cerana*. J. Asia-Pacific Entomol. 17: 639-646.

Kaatz, H. 1985. Abdominal tergal glands in queens of the honeybee (*Apis mellifera* L.). Apidologie 16:283-296.

Kang Y., Jung C. 2024. Threshold Temperature for the Outdoor Flight Activity of Honey Bee, *Apis mellifera* under Overwintering Conditions. Journal of Apiculture 39:317-322

Kastberger, G., E. Schmelzer, and I. Kranner. 2008. Social waves in giant honeybees repel hornets. PLOS ONE 3:e3141.

Keller, I., P. Fluri, and A. Imdorf. 2005. Pollen nutrition and colony development in honey bees: Part 1. Bee World 86:3-10.

Keller, L. 2003. Behavioral plasticity: levels of sociality in bees. Current Biology 13:R644-R645.

Kim, J.K., M. Choi and T.Y. Moon. 2006. Occurrence of *Vespa velutina* Lepeletier from Korea, and a revised key for Korean *Vespa* species (Hymenoptera: Vespidae). Entomological Research 36:1 12-115.

Kim, J.K., T.Y. Moon and I.B. Yoon. 1994. Systematics of Vespine wasps from Korea, I. Genus *Vespa* Linnaeus (Vespidae, Hymenoptera). Korean Journal of Entomology 24:107-115.

Kim, Y.S., M.Y. Lee, M.L. Lee, S.H. Nam, and Y.M. Park. 2006. Development of natural luring liquid against the wasps inflicting honeybees. Korean Journal of Apiculture 21:37-42.

Klee, J., A.M. Besana, E. Genersch, S. Gisder, A. Nanetti, D.Q. Tam, T.X. Chinh, F. Puerta, J.M. Ruz, P. Kryger, D. Message, F. Hatjina, S. Korpela, I. Fries, and R.J. Paxton. 2007. Widespread dispersal of the microsporidium *Nosema ceranae*, an emergent pathogen of the western honey bee, *Apis mellifera*. Journal of Invertebrate Pathology 96:1-10.

Kleinhenz, M, B. Bujok, S. Fuchs, and J. Tautz. 2003. Hot bees in empty brood nest cells: heating from within. Journal of Experimental Biology 206:4217-4231.

Kulinčević, J.M. 1986. Breeding accomplishments with honey bees. pp.891-413. In Bee Genetics and Breeding. Ed. by T. E. Rinderer. 426pp. Academic Press, Orlando.

Laidlaw, H.H., F.P. Gomes, and W.E. Kerr. 1956. Estimations of the number of lethal alleles in a panmictic population of *Apis mellifera*. Genetics 41:179-188.

Levin, M.D. 1983. Value of Bee pollination to US agriculture. Bulletin of the Entomological Society of America 29:50-51.

Lim, B.H., M.L. Lee, and K.S. Woo. 1989. Studies on the contorl of hornet bees (*Vespa* spp.) by feeding attractants. Korean Journal of Apiculture 4:19-33.

Martin, E. C. 1975. The use of bbs for crop pollination. In Dadant & Sons (Ed.). The hive and the honey bee (pp.675-712). Dadant & Sons Inc., Hamilton, IL.

Martin, S.J. 1992. Development of the embryo nest of *Vespa affinis* (Hymenoptera: Vespidae) in Southern Japan. Insectes Sociaux 39:45-57.

Medrzycki, P., F. Sgolastra, L. Bortolotti, G. Bogo, S. Tosi, E. Padovani, C. Porrini, and A.G. Sabatini. 2009. Influence of brood rearing temperature on honey bee development and susceptibility to poisoning by pesticides. Journal of Apicultural Research 49:52-60.

Morandin, L.A. and C. Kremen. 2012. Bee preference for native versus exotic plants in restored agricultural hedgerows. Restoration Ecology 21:26-32.

Moritz, R., S. Härtel, and P. Neumann. 2005. Global invasions of the western honeybee (*Apis mellifera*) and the consequences for biodiversity 1. Ecoscience 12:289-301.

Mortensen, A.N., D.R. Schmehl, and J.D. Ellis. 2013. European honey bee *Apis mellifera* Linnaeus, and subspecies (Insecta: Hymenoptera: Apidae). IFAS. EENY-568/IN1005, University of Florida.

Ono, M. 2005. Semiochemicals that regulate social behaviour of hornets. Aroma Research 6:230-236.

Ono, M., H. Terabe, H. Hori, and M. Sasaki. 2003. Components of giant hornet alarm pheromone. Nature 424:637-638.

Oxley, P.R, M. Spivak, and B.P. Oldroyd. 2010. Six quantitative trait loci influence task thresholds for hygienic behavior in honeybees (*Apis mellifera*). Molecular Ecology 19:1452-1461.

Page, R.E. and G.V. Amdam. 2007. The making of a social insect: developmental architectures of social design. Bioessays 29:334-343.

Page, R.E. and H.H. Laidlaw. 1982a. Closed population honeybee breeding. 1. Population genetics of sex determination. Journal of Apicultural Research 21:30-37.

Page, R.E. and H.H. Laidlaw. 1982b. Closed population honeybee breeding. 2. Comparative methods of stock maintenance and selective breeding. Journal of Apicultural Research 21:38-44.

Page, R.E. and H.H. Laidlaw. 1992. Honey bee genetics and breeding. In Grout, R. A. (Ed.). The hive and the honey bee (pp.235-267). Dadant & Sons Inc., Hamilton, IL.

Poinar, G. and B. Danforth. 2006. A fossil bee from early Cretaceous Burmese amber. Science 314:614.

Radloff, S.E., C. Hepburn, H.R. Hepburn, S. Hadisoesilo, S. Fuchs, K. Tan, M.S. Engel, and V. Kuznetsov. 2010. Population structure and classification of *Apis cerana*. Apidologie. 41:589-601.

Rath W., O. Boecking, and W. Drescher. 1995. The phenomena of simultaneous infestation of *Apis mellifera* in Asia with the parasitic mites *Varroa jacobsoni* Oud. and *Tropilaelaps clareae* Delinado & Baker. American Bee Journal 135:125-127.

Riveros, A. and W. Gronenberg. 2010. Sensory allometry, foraging task specialization and resource exploitation in honeybees. Behavioral Ecology and Sociobiology 64:955-966.

Rose, E.A.F., R.J. Harris, and T.R. Glare. 1999. Possible pathogens of social wasps (Hymemoptera: Vespidae) and their potential as biological control agents. New Zealand Journal of Zoology 26:179-190.

Rothenbuhler, W.C. 1964a. Behavior genetics of nest cleaning in honey bees. I. Responses of four inbred lines to disease-killed brood. Animal Behavior 12: 578-583.

Rothenbuhler, W.C. 1964b. Behavior genetics of nest cleaning in honey bees. IV. Responses of F1, and back cross generations to disease-killed brood. American Zoologist 4:111-128.

Ruttner, F. 1968. Methods of breeding honeybees: intra-racial section or inter-racial hybrids? Bee World 49:66-72.

Sammataro, D., U. Gerson and G.R. Needham. 2000. Parasitic mites of honey bees: life history, implications and impact. Annual Review of Entomology 45:519-548.

Sarma, M.S., H. Esch, and J. Tautz. 2004. A comparison of the dance language in *Apis mellifera carnica* and *Apis cerana indica*. Apidologie 35:165-170.

Schmidt, L.S., J.O. Schmidt, H. Rao, W. Wang, L. Xu. 1995. Feeding preference and survival of young worker honey bees (Hymenoptera: Apidae) fed rape, sesame, and sunflower pollen. Journal of Economic Entomology 88:1591-1595.

Schneider S.S. 2015. The Honey Bee Colony: Life History. In Graham, J.M. (Ed.). The hive and the honey Bee (pp.73-110). Dadant & Sons, Inc., Hamilton, Illinois.

Seeley, T.D. 1977. Measurement of nest cavity volume by the honey bee (*Apis mellifera*). Behavioral Ecology and Sociobiology 2:201-227.

Seeley, T.D. and B. Heinrich. 1981. Regulation of temperature in the nests of social insects. In Heinrich, B. (Ed.), Insect thermoregulation (pp.159-234). Wiley, New York.

Seeley, T.D. and S.C. Buhrman. 1999. Group decision making in swarms of honey bees. Behavioral Ecology and Sociobiology 45:19-31.

Seeley, T.D., S. Camazine, and J. Sneyd. 1991. Collective decision-making in honey bees: how colonies choose among nectar sources. Behavioral Ecology and Sociobiology 28:277-290.

Slessor, K.N., M.L. Winston, and Y. Le Conte. 2005. Pheromone communication in the honeybee (*Apis mellifera* L.). Journal of Chemical Ecology 31:2731–2745.

Smith, M.R., N.D. Mueller, M. Springmann, T.B. Sulser, L.A. Garibaldi, J. Gerber, K. Wiebe, and S.S. Myers. 2022. Pollinator deficits, food consumption, and consequences for human health: A modeling study. Environmental Health Perspectives 130(12):Article 127003

Snodgrass R.E, E.H. Erickson, S.E. Fahrbach. 2015. The anatomy of the honey bee. In Graham, J.M. (Ed), The hive and the honey bee (pp.111-165). Dadant & Sons, Inc. Hamilton IL.

Snodgrass, R.E. 1975. The anatomy of the honey bee, In Dadant & Sons (Ed.), 1975. The hive and the honey bee (pp.75-124). Dadant & Sons, Inc. Hamilton IL.

Stabentheiner, A., H. Kovac, and R. Brodschneider. 2010. Honeybee colony thermoregulation – regulatory mechanisms and contribution of individuals in dependence on age, location and thermal stress. PLOS ONE 5(1):e8967.

Strickland, S.S. 1982. Honey hunting by the Gurungs of Nepal. Bee world 63:153-161.

Tarpy, D.R. and T.D. Seeley. 2006. Lower disease infections in honeybee (*Apis mellifera*) colonies headed by polyandrous vs monoandrous queens. Naturwissenschaften 93:195-199.

Tsujiuchi, S., E. Sivan-Loukianova, D.F. Eberl, Y. Kitagawa, and T. Kadowaki. 2007 Dynamic range compression in the honey bee auditory system toward waggle dance sounds. PLOS ONE 2(2):e234.

Vung, N.N., M.L. Lee, H.K. Kim, K.H. Byeon, and Y.S. Choi. 2016. Efficiency of Artificial Insemination for Breeding *Apis cerana* in Korea. Journal of Apiculture 31:323-330

Winston M.L. 1987. The Biology of the honey bee. 281pp. Harvard University Press, Cambridge, MA.

Winston M.L. 1992. The honey bee colony: Life history. In Graham, J.M. (Ed), The Hive and the honey Bee (pp.73-102). Hamilton, Illinois: Dadant & Sons, Inc.

Woyke, J. 1963. Drone larvae from fertilized eggs of the honeybee. Journal of Apicultural Research 2:19-24.

Woyke, J. 1965. Genetic proof of the origin of drones from fertilized eggs of the honeybee. Journal of Apicultural Research 4:7-11.

Woyke, J. 1969a. A method of rearing diploid drones in a honeybee colony. Journal of Apicultural Research 8:65-71.

Woyke, J. 1969b. Rearing diploid drones on royal jelly or bee milk. Journal of Apicultural Research 8:169-173.

Woyke, J. 1973. Reproductive organs of haploid and diploid drone honeybees. J. Apic. Res. 12:35-51.

Woyke, J. 1976. Population genetic studies on sex alleles in the honeybee using the example of the Kangaroo Island Bee Sanctuary. Journal of Apicultural Research 15:105-123.

Woyke, J. and M.L. Lee. 2003. Selection and breeding of honey bees. Korean Journal of Apiculture 18:91-102.

Yokoyama, S. and M. Nei. 1979. Population dynamics of sex-determining alleles in honey bees and self-incompatibility alleles in plants. Genetics 91:609-626.

Zattara, E.E. and M.A. Aizen. 2021. Worldwide occurrence records suggest a global decline in bee species richness. One Earth 4:114-123

우건석, 이종호. 1993. 우리나라 꿀벌과 벌통에 서식하는 응애류에 관한 연구 I. 한국양봉학회지 8:140-156.

이만영, 정진교, 마영일, 장영덕. 2002. 국내 서양종꿀벌(*Apis mellifera* L.)의 봄철 관리 및 양봉산물 생산 실태조사. 한국양봉학회지 17:97-102.

이명렬, Ge Fengchen, 이만영, 김영수, 윤병수. 2006. 꿀벌(*Apis mellifera* L.) 교배조합의 질병저항성 평가. 한국양봉학회지 21:33-36.

이명렬, 박영미, 이만영, 김영수, 김혜경. 2005. 가을철 꿀벌(*Api mellifera* L.) 번데기에 기생하는 꿀벌응애(*Varroa destructor* Anderson & Trueman)와 중국가시응애(*Tropilaelaps clarea* Delfinado and Baker)의 밀도 분포. 한국양봉학회지 20:103-108.

이명렬, 이만영, 김영수, 박영미. 2008. 국내에서 수집한 꿀벌 유전계통의 평가. 한국양봉학회지 23:1-5.

이명렬, 이만영, 심하식, 최용수, 김혜경, 변규호, 김인석, 권천락. 2014. 우수 삼원교배종 꿀벌(*Apis mellifera* L.)의 형질 특성: 수밀량, 월동, 청소행동. 한국양봉학회지 29:257-262.

이명렬, 최승윤. 1986 한국산 꿀벌, 동양종(*Apis cerana* F.)과 서양종(*A. mellifera* L.)의 외부형태적 형질변이. 한국양봉학회지 1:5-23.

이명렬, 최지영, 이만영, 김영수. 2003. 국내 꿀벌 노제마병의 감염 수준. 한국양봉학회지 18:151-154

이종호, 우건석. 1994. 우리나라 꿀벌과 벌통에 서식하는 응애류에 관한 연구 II. 한국양봉학회지 9:29-34.

이훈복, 정철의. 2010. 늦여름 서양종 꿀벌의 봉군 온도 조절에 관한 연구. 한국양봉학회지 25:1-7.

장태환, 문혁민, 이광범. 2022. 꿀벌 영양학의 최신 연구 동향. 한국양봉학회지, 37:275-289.

정진교, 이만영, 마영일. 2000. 국내 서양종꿀벌(*Apis mellifera* L) 양봉농가에서 꿀벌응애와 중국가시응애의 감염 실태 조사. 한국양봉학회지 15:141-145.

정철의, 김동원, 김지원. 2014. 형태적 근거에 따른 국내 서식 중국가시응애 학명 *Tropilaelaps mercedesae* Anderson and Morgan, 2007 (Acari: Laelapidae) 변경. 한국양봉학회지 29:217-221.

정철의, 김동원, 이흥식, 백현. 2009. 신규 꿀벌 해충으로서 *Vespa velutina* nigrithorax Buysson, 1905 (신칭: 등검은말벌)의 생물학적 특징. 한국양봉학회지 24:61-65.

정철의, 배윤환. 2022. 겨울 세대 일벌의 생산 시기와 환경 분석: 월동폐사 문제 고찰. 한국양봉학회지 37:265-274.

정철의. 2008. 한국 과수 및 채소 작물 생산에서 꿀벌 화분매개의 경제적 가치 평가. 한국양봉학회지 23:147-152.

최용수, 이명렬, 이만영, 김혜경, 윤미영, 강아랑. 2015. 벌집 추출물에 의한 국내 남부지방 양봉장의 등검은말벌, *Vespa velutina nigrithorax* Buysson (Hymenoptera: Vespidae) 여왕벌 포획. 한국양봉학회지 30:281-285.

홍석민, 정철의. 2017. 꿀벌 외래 해충, 작은벌집밑빠진벌레(*Aethina tumida* Murray, 1867)의 초기 발견 봉장 내 공간 분포 특성. 한국양봉학회지 32:163-170.

단행본

Atkinson, J.H. 1999. Background to bee breeding. 289pp. Northern Bee Books, Mytholmroyd, UK.

Bailey, L. and B.V. Ball. 1991. Honey bee pathology. 193pp. Academic Press, San Diego, CA.

Caron, D.M. and L.J. Connor. 1999. Honey bee biology and beekeeping. 368pp. Wicwas Press, Kalamazoo, Michigan.

Carr, J. 2016. Managing bee health. A practical guide for beekeepers. 388pp. 5M Publishing, Essex, UK.

Carreck, N.L. (Ed.). 2011. Varroa-still a problem in the 21st century? 78pp. International Bee Research Association (IBRA), Cardiff, Wales.

Chantawannakul, P., G. Williams, and P. Neumann (Eds.). Asian beekeeping in the 21st century. 325pp. Springer, Singapore.

Craine, E. 2001. The rock art of honey hunters. 106pp. International Bee Research Association (IBRA), Cardiff, UK.

Dadant & Sons (Ed.). 1975. The hive and the honey bee. 740pp. Dadant & Sons Inc., Hamilton, IL.

Dietemann, V., J.D. Ellis, and P. Neumann (Eds.). 2013. The COLOSS BEEBOOK, Volume I: Standard methods for *Apis mellifera* research. 621pp. International Bee Research Association (IBRA), Cardiff, UK.

Elzinga, R.J. 2004. Fundamentals of entomology. 512pp. Prentice Hall, NJ, USA.

Fert, G. 2020. Raising honeybee queens. 144pp. Deep Snow Press, Ithaca, New York.

Food and Agriculture Organization of the United Nations (FAO). 2008. Initial survey of good pollination practices. 133pp. FAO, Rome, Italy.

Free, J.B. 1987. Pheromones of social bees. 230pp. Chapman & Hall, London.

Gadau, J. and J. Fewell (Eds.). 2009. Organization of insect societies: from genome to sociocomplexity. 640pp. Harvard University Press, Cambridge, MA.

Gillott, C. 1980. Entomology. 729pp. Plenum Press, New York.

Goodwin, M. 1999. Elimination of American foulbrood disease without the use of drugs: A practical manual for beekeepers. 116pp. National Beekeepers' Association of New Zealand Inc., Wellington, NZ.

Goodwin, M. and C.V. Eaton. 2001. Control of Varroa: A guide for New Zealand beekeepers. 120pp. Ministry of Agriculture and Forestry (MAF), Wellington, NZ.

Graham, J.M. (Ed.). 1992. The hive and the honey bee. 1,324 pp. Dadant & Sons, Inc., Hamilton, Illinois.

Graham, J.M. (Ed.). 2015. The hive and the honey bee. 1,057pp. Dadant & Sons, Inc., Hamilton, Illinois.

Heinrich, B. (Ed.). 1981. Insect thermoregulation. 328pp. Wiley, New York.

Ilyasov, R.A. and H.W. Kwon (Eds.). Phylogenetics of bees. 290pp. CRC Press, New York.

Laidlaw, H.H. 1979. Contemporary queen rearing. 128pp. Dadant & Sons, Inc, Hamilton, Illinois.

Laidlaw, H.H. and R.E. Page. 1997. Queen rearing and bee breeding 368pp. Academic Press, San Diego, CA.

Michener, C.D. 1974. The social behavior of the bees: A comparative study. 395pp. Harvard University Press, Cambridge, Mass.

Michener, C.D. 2007. The Bees of the World. 952pp. The Johns Hopkins University Press, Baltimore, MD.

Moritz, R. and E.E. Southwick. 1992. Bees as superorganisms: an evolutionary reality. 379pp. Springer-Verlag, Berlin.

Morse, R.A. (Ed.). 1978. Honey bee pests, predators, and diseases. 430pp. Cornell Univ. Press, Ithaca, New York.

Morse, R.A. 1997. Rearing queen honey bees. 128pp. Wicwas Press, Ithaca, NY.

Mortensen, A.N., B. Smith, and J.D. Ellis. 2015. The Social organization of honey bees. EDIS Fact Sheet IN1102, University of Florida, Gainesville, FL.

New Zealand Ministry of Agriculture and Forestry (MAF). 2001. Control of Varroa: A guide for New Zealand beekeepers. 124pp. MAF, Wellington, New Zealand.

Oldroyd, B.P. and Wongsiri, S. 2006. Asian honey bees: biology, conservation and human interactions. 340pp. Harvard University Press, Cambridge, MA.

Rinderer, T.E. 1986. Bee genetics and breeding. 426pp. Academic Press, Orlando, FL.

Root, A.I. 1980. The ABC and XYZ of bee culture. 712pp. The A.I. Root Co., Medina, Ohio.

Sammataro, D. and A. Avitabile. 1998. The Beekeeper's handbook. 195pp. Cornell University Press, Ithaca, NY.

Seeley T.D. 1985. Honeybee ecology. A study of adaptation in social life. 201pp. Princeton University Press. Princeton, NJ.

Seeley, T.D. 1995. The wisdom of the hive: the social physiology of honey bee colonies. 295pp. Harvard University Press. Cambridge, MA.

Seeley, T.D. 2010. Honeybee democracy. 280pp. Princeton University Press, Princeton, NJ.

Shimanuki, H. and D.A. Knox. 2000. Diagnosis of honey bee disease. Agriculture Handbook No. AH-690. 61pp. ARS/USDA, Beltsville, MD.

Snodgrass, R.E. 1925. Anatomy and physiology of the honey bee. 327pp. McGraw-Hill Book Company, New York.

Snodgrass, R.E. 1956. Anatomy of the honey bee. 334pp. Cornell University Press. Ithaca, New York.

Tautz, J. 2008. The buzz about bees: Biology of a superorganism. 284pp. Springer-Verlag, Berlin, Heidelberg.

Webster, T.C. and K.S. Delaplane (Eds.). 2001. Mites of the honey bee. 280pp. Dadant & Sons, Inc., Hamilton, Illinois.

권상헌. 2009. 양봉 52주. 405쪽. 보라출판사(서울).

농촌진흥청. 2020. 농업기술 길잡이 209, 양봉. 254쪽. 농촌진흥청.

농촌진흥청. 2003. 표준 영농교본 15, 양봉. 207쪽. 농촌진흥청.

농협중앙회. 2003. 꿀벌사육시설과 관리. 221쪽. 농협중앙회.

류장발, 장정원. 2007. 한국의 밀원식물. 395쪽. 퍼지컴미디어(대구).

박호용, 김태진, 오현우. 2001. 한국의 화분Ⅱ. 395쪽. 한국생명공학연구원.

유영수. 1988. 한국 근대 양봉 연구: 실험양봉 · 양봉신편. 369쪽. 한국양봉협회.

이만영 등, 2009. 초급 양봉 관리 기술. 180쪽. 농촌진흥청.

이명렬 등 5인. 2011. RDA 인테러뱅 18: 꿀벌家의 가훈과 꿀벌산업의 가치. 20쪽. 농촌진흥청.

장영덕 등 12인. 1996. 최신 양봉학. 306쪽. 선진문화사(서울).

장영덕 등 4인. 2018. 꿀벌과 양봉. 263쪽. 오성출판사(서울).

조도행. 2014. 양봉 사계절 관리법. 445쪽. 오성출판사.

조상균. 2021. 양봉 기술. 575쪽. 탑미디어(서울).

조성봉, 이명렬. 2018. 양봉 사계절 관리. 318쪽. 오성출판사.

최승윤. 1987. 신제 양봉학. 439쪽. 집현사(서울).

최승윤. 1987. 양봉 · 꿀벌과 벌통. 356쪽. 오성출판사.

한국양봉과학연구소. 1999. 최신 양봉 경영. 352쪽. 서울대학교 농업생명과학대학.

홍인표 등 7인. 2013. 꿀벌이 좋아하는 우리 산야의 꽃. 271쪽. 푸른행복(서울).

Ascorbic acid • *105, 106*

Ascosphaera apis • *205*

Aspergillus flavus • *207*

ATP • *101, 104*

B

Back cross • *244*

Bailey, L • *247*

Bee bread • *107*

Beekeeping • *142, 242, 247*

Bee mites • *213*

Bee pollen • *226*

Bee space • *145*

Bee venom • *234*

Bee wax • *56*

Biopterin • *110*

Body cavity • *50*

Bombus • *139*

Breeding queen • *194*

Butyl acetate • *58, 59*

Buzz pollination • *139*

C

Calciferol • *105*

capensis • *28, 64*

capping • *71, 84, 114, 117*

carnica • *30, 32, 33, 244*

Caucasian • *32*

caucasica • *29, 32, 33*

Cavity • *18, 50, 244*

Chalk brood • *205*

Chewing and lapping • *37*

Cholesterol • *109*

Chronic bee paralysis virus, CBPV • *212*

Closed population breeding • *128*

CODEX • *224*

Cold-blooded • *88*

Colony strength • *76*

Comb • *43, 126, 176, 224*

Comb honey • *224*

Complementary sex determiner • *64*

Compound eye • *38*

Constancy • *139*

Corbicula • *43, 113, 138*

Corpus allata • *53*

Corpus cardiaca • *53*

Coxa • *43*

Cretaceous • *16, 244*

Cross-pollination • *132*

Cubtal index • *22*

cypria • *30*

D

Daughter colony • *75*

Desjardins • *235*

Deutocerebrum • *51*

Dextrin • *106*

Diastase • *225*

Dioecious • *133*

Diploid male • *85, 239*

DNA • *23, 62, 105, 239*

Dopamine • *234, 235*

Dorsal diaphragm • *50*

Double cross • *127*

Drone congregation area, DCA • *87*

Dufour's gland • *58*

Three-way cross • *127*

Thymol • *216*

Tibia • *43*

Tocopherol • *105*

Tomentum • *22, 29*

Trachea • *51, 162*

Tracheole • *51*

Trehalose • *106*

Tritocerebrum • *51*

Trochanter • *43*

Tropilaelaps mercedesae • *217, 246*

U

Uncapping • *114, 117*

unicolor • *28*

Untested queen • *194*

V

Valve-fold • *197*

Varroa destructor • *213, 246*

V. crabro • *218*

V. ducalis • *218*

V. dybowskii • *218*

Venom gland • *58*

Ventriculus • *49*

Vespa • *218, 240, 242, 243, 246, 247*

Vespa mandarinia • *218, 240*

Vitellogenin • *53*

V. simillima • *218*

V. velutina • *218*

W

Waggle dance • *75, 96, 245*

Warm-blooded • *88*

Wax gland • *56*

Wax mirror • *56*

Weight gain • *116*

Worker jelly • *109*

X

Xylose • *106*